LOCUS

LOCUS

LOCUS

LOCUS

touch

對於變化，我們需要的不是觀察。而是接觸。

a *touch* book
Locus Publishing Company
11F, 25, Sec. 4 Nan-King East Road, Taipei, Taiwan
ISBN 986-7600-60-6 Chinese Language Edition

July 2004, First Edition

Printed in Taiwan

創投之逆轉

作者：李志華・陳榮宏
責任編輯：湯皓全　美術編輯：何萍萍
法律顧問：全理法律事務所董安丹律師
出版者：大塊文化出版股份有限公司　e-mail: locus@locuspublishing.com
臺北市105南京東路四段25號11樓　**讀者服務專線**：**0800-006689**
TEL:(02)87123898　FAX:(02)87123897
郵撥帳號：18955675　戶名：大塊文化出版股份有限公司

總經銷：大和書報圖書股份有限公司　地址：台北縣五股工業區五功五路2號
TEL:(02)89902588（代表號）　FAX:(02)29901658
排版：天翼電腦排版印刷股份有限公司　製版：源耕印刷事業有限公司
初版一刷：2004年7月

定價：新台幣350元

touch

創投之逆轉

新興的創投機會與成功模式

VC! Vanishing Capitalist?

李志華・陳榮宏

資深創投的教戰守則

目錄

作者序一

李志華

這本書沒敢請任何人幫忙寫推薦序。

理由很簡單，我認識的朋友中與這個題目相關的就是投資界的朋友與創業的朋友。可是我們出的書一本是《創業之終結》，一本是《創投之逆轉》，看起來既打擊創業者似乎又在唱衰投資同業似的；一看這書名與內容就讓人尷尬得很，哪有創業者會承認說創業已經沒有機會了？又哪有什麼投資者會承認自己作的行業沒搞頭？我們不想讓朋友爲難，只好來個作者自序，聊備一格。

回想起來，這兩本書足足寫了一年多才完稿，寫的痛苦不堪。

苦的不是打字、寫書或是文思枯竭之類的尋常問題；我與榮宏寫過前幾本書以後早就練成一身快速中打的功夫，加上我們在創投業歷練也夠久了，當然題材豐富、文思泉湧，動輒上萬字不是問題……眞正讓人難過的是過去這一年來我們天天都在婉拒人！拒絕到連自己都有些不舒服，還要把過程再度描述出來？這種經歷就有點像是二度傷害囉。

婉拒人本來就很難說出口，偶一爲之還可以，可是一旦每天都要拒絕人，那日子實在是有些恐怖；時間一長，拒絕多了以後連上班、接電話、看電子郵件都有些害怕，擔心繼續下去我非得「事業自閉症」不可！（當然了，你可以辯說，那些被我們拒絕的人日子豈不更難過？說的有理，不過我自顧不暇，管不到他們了！）

緊抱過去成功模式不放成爲我們的拒絕往來戶

說來我們過去婉拒最多的有四種人：第一、婉拒投資創業者千辛萬苦寫出來的營業計劃書，第二、婉拒同業善意的投資邀請，三、婉拒創投同行換跑道到我們這裡來，第四、婉拒管理更多、更大的投資基金，因爲實在是找不到好的投資機會。

總而言之，過去這一年，我們所作的都是創投界的「**反行銷**」！把所有上門的投資案子、人、錢、事、合作機會等等一概往外推！只要是有關於創業、投資的議題，我們的基本態度與原則都是負面表態。

爲什麼呢？其實我們所拒絕的四種人都有一個共同的特性：他們**都還活在過去！都還緊抱著過去的成功模式不放**；所以我們拒絕了他們。

婉拒多了，上班的膽戰心驚，既怕聽到什麼不好的消息，又怕今天不知道又要得罪哪些人之類的！這種同時面臨創業與投資雙重黑暗時期的壓力實在是一種生理與心理雙方面的煎熬！

有人好意的關懷說這只是季節變化而已，等景氣循環轉過來就一切大好了……面對這樣善意的關切我們只能苦笑兩聲；我們心知肚明，如果這僅僅是季節變化或是循環時候就表示會有起、有伏；只要熬過冬天就可以期待春天的到來……問題是我們已經看到不管創業或是創投都已經面臨到永久性的結構改變！這種變化早已經脫離了景氣循環的軌跡，我們所看到的、所聽到更讓我們堅信：

不管創業或創投，過去的成功模式都已經不再適用了，不管創業或是投資都需要採取「顯著的」、「快速的」、「結構性的」與「徹底的」改變才有機會找到第二春！

不管創業或是投資者，如果還抱持過去的做法，必然是前途堪憂，徹底的玩完了！

過去這些日子我們三不五時都會聽到國內、國外哪家公司「belly up」（翻肚），或是某家創投基金決定解散、分家（也就是創投「掛了」的意思），這些掛掉的公司都是我們聽過的案例，有些是我們掃街認識的朋友，這些掛了的公司背後的投資者也不乏平日哈啦的同業，聽多了實在充滿了些兔死狐悲之感。

這種現象與過去完全不同。

早些年前，每次聽到有公司掛掉、有創投同業案件「槓龜」或是「踢鐵板」的時候，大家難免有些幸災樂禍，趁機譏笑兩聲說他們眼光不行，然後有意無意的藉以彰顯自己的獨到與優秀。

可是最近看到這麼多的 start-ups（新創公司）一家家因爲資金不繼而倒閉的時候，我們卻笑不出來，取代的是深深的擔心，深怕自己所投資的公司會不會也面臨這種局面？如果這種資金不足的情形眞的發生到自己所投資的公司時，要不要全力救助？能不能救得起來？還有哪些同業有能力、有心情一起來救？想想就有些寒顫。

其實書中所描述的兩個現象（創業玩完了，與創投玩完了）不只我們看出來，很多創投同業都很清楚這些改變，聽說不少的創投公司內部報告也都提到這樣的現象，可是知道是一回事，怎麼應變、要不要應變又是另外一回事情，「應變得早」還要加上「應變的大」才可能有機會，如果應變得晚，或是心存僥倖的虛應故事一番，那實在是「錢」途不妙，可就眞的是玩完了……

創投必要的結構性改變

先拿「創投經營」來說，我不知道其他同業是不是都作了必要的調整，但我與榮宏認清到這種改變趨勢難擋，兩人就與相關的同事作了幾次討論後開始大龍擺尾，進行重大改變。既然這是產業長期結構性的改變，我們也開始進行結構性的應變。所以達利採行了幾個應變措施，放棄舊有的做法，開始推行全新的 turn around（重整基金：TARF, Turn Around and Rescue Fund)。

首先是我們凍結了新人的招募。

去年是達利與康利第一次沒有僱用新人的一年，本來我們每年都會招募幾位新人的，可是過去一年來雖然每天所接觸的營業計劃比以前更多，有些還是透過各種朋友、同事特別打招呼送來的，可是經過研究與討論後我們認爲傳統的創業成功因素已經不同，傳統創投的作業方式也不是我們想要的做法，因此在確定新的作業方式之前暫時沒有必要再招募新人了。

至於放棄了傳統創投的作法，換以全新的TARF佈局方面，我們也是即知即行，毫不遲疑。

過去我們積極的掃街，到處拜訪各種可能的創業者，只要是有興趣創業的人我們就與他們討論如何協助他們創業，聽到任何營業計劃都興趣盎然的接洽，尋求各種可以投資的機會，定期拜訪創投同業尋求各種合作可能性等等；總體而言，過去的創投案源用的是螞蟻雄兵的方式掃街，掃到的案例越多越好，深怕有遺珠之憾，可是改成TARF以後，我們的投資對象就不再是掃街尋找或是等人家上門來了，我們改成只對某些特定對象有興趣，我們在TARF方面的新做法包括：

一、選定少數幾個特定產業深入了解上、下游的關聯性與成長瓶頸、空間；

二、在特定產業裡面找尋值得轉型的對象；

三、深入了解值得轉型的對象的現有股東組成；

四、密集接觸經營團隊，然後再作綜合研判，判斷這些案例是不是適合進行TARF？一旦確定以後就集中火力與資源進行該特定對象的 turn around。

除了這些差異以外，新的TARF做法與傳統的創投還有更多的不同，榮宏會另有有詳細的描述，請參考他的序文。

創業成功模式的改變

至於「創業前景」，我們在書中也是非常不看好，原因要回溯一些歷史。兩年多前，很多指標都顯示出ＩＣ產業是臺灣的金雞母產業，前景一片大好，尤其是ＳＯＣ更是當時的熱門題目，加上政府也大力推展「兩兆雙星」，其中的「兩兆」指的就是ＬＣＤ（液晶顯示產業）與半導體ＩＣ設計產業，因為他們所產生的價值都是以兆元為計算。

既然大家都看好ＩＣ產業，所以我們就以挨家挨戶拜訪的方式拜訪臺灣可以找到的每一家ＩＣ設計公司；前後兩年多，我們總共拜訪了將近三、四百家之多，然後在裡面選出五、六十家作更頻繁與深入的拜訪討論，然後再次選定了將近二十家作為我們投資的標的，經過大約兩年的努力，從結果來看，只有少數幾家因為時機太晚或是價錢實在是談不攏，而成了遺珠之憾以外，其他的ＩＣ公司我們都如願以償地成為他們的股東。

等那一輪的投資告一段落後，我們把所有已經投資的公司一一表列出來，這才發現我們所投資的標的公司竟然大多數都是設計 power IC 的公司！至於ＳＯＣ或是熱門題目的ＩＣ（如無線通信，手機核心晶片……）等等，一家都沒投！這是怎麼一回事？為什麼我們過去這兩年的投資會這麼集中，只集中在 power IC 領域呢？其他前景看好的標的物為什麼都不能通過我們的投資審核？

榮宏與我經過多次自我探討，也請教許多專家、同業，還特地到美國、大陸去拜訪相關的廠商與同業，最後我們終於作下結論：「除了 power IC 以外，其他的ＩＣ相關領域的創業算是玩完了！」，這個結論剛作出來的時候連我們自己都難以接受，怎麼敢對外聲張？

所以我們決定再深入的挖掘其他可能的高科技領域，希望找出可以投資的其他高科技項目，ＩＣ創業玩完，不代表其他高科技領域沒有創業的機會吧！

沒想到，我們越深入研究後，心情越發地沉重；**本來以為只有ＩＣ產業沒有創業機會，後來竟然發現我們所探索的幾個高科技領域都很少有赤手空拳、白手起家的創業機會了！**這個發現眞讓人有些洩氣囉。

在研究中發現了許多理由，這些理由在書中都有詳細的說明；例如可以作的題目不多，所需要的資源超過創業者所能負擔的程度，以及投資者觀望，深怕先進去先被套牢等等；這種結論實在是有些驚世駭俗，連我們自己寫書的時候都感覺鍵盤敲得越來越沉重。

macro 來看機會無窮，micro 來看處處碰壁

等到這兩本書初稿送到大塊出版社的時候，郝明義先生以及編輯朋友拿了另外一本書《創造之夢・企業之心》給我看，問我為什麼其他人認為科技以及創業的前景還是一片大好？為

什麼與我們兩個人的觀點差這麼多？我很感謝大塊出版社的朋友當場考問這樣的問題，給我們一個很好的刺激與探索的機會。

等榮宏與我當場翻完那本書的目錄以後，我們就知道答案所在了！

因爲我們是投資者，所以我們比較注重的是micro（微觀、個體）的角度來看創業機會，所以我們的結論是現在要再創業的話，會碰到很多的困難，我們自己不願意投資，相信也很難找到其他有願意投資的人，所以我們說創業玩完了。

可是由macro（巨觀、總體）的角度來看，現在資訊科技的基礎才剛建立，網際網路才讓人類可以無遠弗屆的接觸到各式各樣的資訊，寬頻才剛剛起步，總體看來科技的演進這才萌芽，未來許多的應用與發展都還在摸索與演進中，所以未來新興機會當然是無窮無盡的！

因此巨觀、總體經濟科技演進的看法，與微觀、個體創造事業的出發點幾乎完全不同，再舉幾個更明確的例子來說吧，

第一、以個人、微觀（micro）的角度來看，創業總希望五年左右可以有個明顯的成功跡象（不然拿不到後續的錢），所以創業需要的是「明確」的題目與明確的進展，而不是靠著模糊的概念來募款！就我們投資者的角度來看，光有模糊的概念除了自己的老爸（連老婆都很難說）以外，是沒有人願意出錢投資的。

第二、以創業的角度來說，因爲資源得來不易，又是非常的有限，所以所作的題目怕的

就是太大、太廣、太模糊；創業需要的是集中火力，是專注，這才能夠說服投資者出錢，也才可能會有成功的機會；從這個角度來看，廣義的說，或是模糊的說未來的創新機會無窮等等，這對創業者而言有如海市蜃樓，沒什麼切入點，也沒有實質的幫助。

記得當時有位朋友接著問說；照這樣看的話，這些廣義的、進化的、總體的角度所得到的創新、創業機會會出現在哪裡？會由那些人來掌握呢？

我很明確的回答說：絕大部分的新興機會都會由**資源雄厚，技術底子深厚的大企業所掌握，所以留給個人創業的機會不多**。

至於我們說的對不對？時間會說話的。

《達利教戰守則》揭密

最後應大塊出版社以及一些關心朋友的詢問，我需要把過去所寫的幾本創投書籍作個說明。

第一本書《**微笑禿鷹**》寫的是我看到創業由美國矽谷搬回臺灣的趨勢，所以由達利主導把晶捷搬回到臺灣的寫眞紀錄片，那本書是以六、七年前IC創業、創投由美國移到臺灣的新趨勢為主，間接也把創投的心態與手法作些描述。

第二本書《**流氓創投**》所注重的是創業者與創投者之間的愛、恨、情、仇以及在劍道、劍術、劍招上面的角力（也是合作）與心路歷程的寫實紀錄；這第二本書也是我與榮宏把多年在創投業的合作與手法的大公開，目的是讓創業者充分了解到投資者的獲利企圖心、思路的縝密以及招術、手法的細膩。書中很多做法後來都在創業界、投資界取得共鳴；最顯著的是現在每次投資者與創業者見面的第一個問題幾乎都是「你能對我們公司有什麼價值或是幫助？」，這種先談「價值」後談「相對價錢」（每家投資的價錢未必相同）的現象在過去是很少這麼普遍的。

第三本、第四本書又把《**創業之終結**》，《**創投之逆轉**》一起出版，這兩本書談到了我們對創業、投資相對（也是互相合作的）兩個行業的親身體會，描述出產業的結構性改變，以及新的創業、創投產業該走的新方向；同時我們也把過去幾年來在創投過程中長年安身立命的道、術、法一一系統的整理出來。

在我們看來，把這四本書裡面所提到的想法與做法整理在一起以後，就成爲達利不傳之密《達利教戰守則》的攻防紀錄完整版；我們兩人以及許多創投同業的功力，也在短時間內就被讀者「吸星大法」所吸收，讓初進創投業的菜鳥可以馬上與創投老鳥達到功力相當的程度；即使是完全沒有創業經驗的初創公司也可以藉此了解到投資者的想法，以及如何與投資者作更有效的互動；這是我們當初寫書的眞正目的。

可惜的是現在實在是好景不在！「創業」大環境似乎成了海市蜃樓，「創投」的冠冕也黯淡無光……連我們自己都常常深思：創業眞的就走到盡頭了嗎？難道創投業者滿懷經綸卻沒有更好的舞臺來發揮嗎？

其實未必！

樂觀的說英雄造時勢，所有的歷史機會總會重複發生，只要有本領在身，那怕沒有機會敲門？這種說法我當然同意，所以我先在這裡祝福這些樂觀的讀者，只要有本領，很多地方都會有新興的創業與投資的機會，雖然成功模式或許與過去不同，但新的機會與新的領域是不會消失的。

怕得罪不必要得罪的人所作的特殊聲明

最後我要表明兩點：

第一、書中所提到的人與事雖然都是眞實故事，可是許多投資案例、人事都有雷同的地方，加上我們刻意的加油添醋以及馬賽克模糊焦點的處理後，可以確信的是，我們所說的公司、個人以及案例等等絕對不是指你，更沒有暗示任何人的意圖，請千萬不要自己對號入座。

第二、再來要交代的就是針對創投的題目，我們會不會繼續寫創投的書？會寫些什麼呢？針對這個問題我與榮宏討論過，未來與創投、創業相關的內容只剩下幾個題目可以寫，例如「**購併的實務攻防經驗談**」、『**TARF紀實錄**』，或是「**大陸投資的酸甜苦辣紀實**」，「**企業內

部創業優勝劣敗」等等。我們對這四個主題都有實際經驗，也都有現成的案例可以寫；可是我們擔心的是一旦寫出來，這種題目色彩鮮明，很容易就被人按圖索驥的找出當事人與相關的人事環境，加上這幾個題材都非常敏感，牽涉到太多難以描述的情節，既然寫書是爲了好玩，只是爲了經驗的溝通，而不是寫眞集或是洩密錄，所以我們討論幾次以後，還是決定不要寫比較好。至於以後會不會變卦？以後的事情誰也不知道（創投決不會把話說絕的）。

最近的感觸

既然作者自序，我還是要藉著這個機會說說自己最近工作上的一些感觸以及未來計劃。

去年開始有些新的頭銜與工作加到我頭上，除了創投、TARF的工作以外，竟然還被**明基總經理李錫華**「邀請」（或許應該說是指派吧？）去負責明基的法務！他是我多年好友，不過他這一下可讓我吃盡苦頭，讓我增添許多嚴峻的挑戰！

年少輕狂的我雖曾申請過一個海外名校的法律班進修，可是被斷然拒絕，從此就無緣接受任何法務的正規訓練，沒想到多年後會有人要我一個門外漢去當一個上千億營業額公司的法務長？我這才深深體會到「名過其實」的壓力與負擔。

爲了不讓推薦我的朋友背負識人不明的罪過，也不敢讓我多年的老闆**明基與友達董事長李焜耀**因爲用我這外行人當法務長而破壞他「知人善任」的美名，我只好啞巴吃黃蓮的每個週末在家裡面翻判例、苦讀合約、還要學著與律師群共同討論合約，海K法律文件，開始不恥「上」問的問許多單純、stupid（愚蠢）的問題；有段時間實在是度日如年，長吁短歎的很。記得每次讀合約或是研讀歷史資料到半夜還不能睡覺的時候，我就怨嘆的很，眞沒想到做事近二十年都想要提早退休的我竟然會一時想不開，還會答應從頭學習一個全新的領域!?實在是自討苦吃，早知道當時就應該婉拒的。

沒想到這一年多下來，處理過許多法律的人與事以後，我竟然發現法務領域裡面也有許多趣味；還好當初沒有婉拒這個新機會，不然就沒有機會體會法律事務的挑戰與樂趣了。尤其是當我累積幾分經驗以後，常常會把創投與法務作個比較，這時更發現兩者相輔相成之處，有許多共同點，也有許多互補的地方；這種樂趣只好自己偷偷的吃三碗公，不可多所張揚，以免引起太多人的覬覦，在我還有兩年任期屆滿之前就存心搶我的位子（當時我就怕作不下去，所以只答應作三年法務，不再延任）。

對了，我還發現法務與當初我剛進創投這個行業一樣，都沒有實用的入門參考書。坊間許多法律書籍都硬梆梆，對一個外行人而言根本不適用，雖然每家書局都有許多民法、刑法、專利法、商標法……可是對一個管理者應該如何管理法務事情，該如何與公司內部律師打交道，該如何管理外部律師樓，該如何處理法務糾紛，如何拿捏等等；都沒有實務經驗的參考書存在，這下又讓我發現了一個出書的市場！所以我打算等我法務工作有些成果以後開始用同樣的筆法來寫法務的書籍，如同當初寫創投的書一樣，把這個行業裡面相關的道術法都來個武俠小說似的描述，讓人人認識法務，就像人人認識創投、認識創業一樣，這也不錯吧！

最後我要特別謝謝我的父母對我的教育以及成長過程中的啓發，尤其是今年三月間我親愛的大姊離開了我們，也離開了這個世界，大姊在世時不斷的叮嚀與照顧，以及父母面對親情的不捨與感情的流露都讓我感觸良多；父母以及二姊在大姊離開以後，傷痛之餘還是不斷給周圍親人最大的關懷與照顧，這種親情與無己的愛心，讓我一想起就久久不能自已。這個過程中非常感謝我太太與三個小孩對我的體諒與關懷，每次我心情不好時就找我下棋、玩牌或是陪我出去散步、講話，讓我可以順利度過心情的起伏，也讓本書可以順利完成；想起過去十多年我工作上的起伏與飄泊，家人總是給我堅定的支持與容忍，實在是讓人感恩。

寫書過程中還要謝謝明基、友達、達利每位同事給我的協助，讓我可以在工作之中抽出許多時間來完成這兩本書的共同寫作，尤其是多年好友兼事業夥伴的榮宏（書中的畢修）經常以寬宏以及提醒來包容我的許多作爲，要不是他的全心參與以及胸襟，我們在達利、康利的經驗與成果是不可能這麼豐富的。

另外我要特別謝謝郝明義先生的幫忙，願意幫我們出這兩本書。我與郝先生是透過朋友的介紹而認識的，過去幾年來每次他有好書出版總是會寄一本給我先睹爲快，每本書都很有特色；有一段時間我對出版社充滿興趣，請教他很多出版行業的相關機密，他竟然知無不言、言無不盡，還分享許多他的心路歷程與特殊心得，這些過程與分享都讓人感動，特別在此表達感謝之意。

當然了，當作者的人還需要感謝的是各位讀者願意花錢、花時間來看這兩本書，如果你對書中所寫的事情有不同看法的話，歡迎來信；我與榮宏生性都喜歡與人辯論，書中許多論點與觀察本來就是充滿著主觀與爭議性，所以每個人都可能會有不同的看法，反正眞理是越辯越明，大家多談創投，多談創業，或許會讓這兩個行業恢復生氣，如果可以從辯論中找到其他不同的出路與成功模式更好！創投界、創業界將近有兩、三千人都曾經與我們見過面，因此很多人都知道我們的電子信箱，歡迎各位創業者、投資者或是讀者們寫信向我們表達不同的意見，等著你的回音了。

作者序二

陳榮宏

創投的生活大不如前

眾所皆知，西元二〇〇〇年之前的過去二十年是創投的好時光，你只要看看那二十年辦公室設備的變化就可以知道爲什麼；過去二十年辦公室裡從打字機、telex，一路進展到人人一部PC；傳真機從八〇年代中期開始無聲無息地侵入每個辦公室，到今天幾乎被E-mail取代掉，從有線電話到人人一隻手機；電腦與通訊的科技發展在過去二十年徹底改變了我們公私兩邊的生活，同時也替我們創造了無數「一本萬利」的投資機會。未來科技的發展，當然我們今天無法清楚描繪出來會往哪個方向走，樂觀的講法是將來可以投資的機會只會更多不會更少，但根據我們過去兩年來尋找投資機會的經驗，可以拿來作爲創業的題目是越來越少，這就是爲什麼這兩年來在創投界一直找不到好的投資標的的原因。今天我們欠缺的不是資金（很多國內的創投甚至是手上抱一堆資金而苦於找不到投資標的），而是好的投資機會，那些具有創業精神的創業家以及他們能夠找到的有潛力的創業題目才是讓創投「眾裡尋它千百度」的稀有資源。

照理講，創投的生活應該是每天都在外面尋找投資機會，整天在與創業者打交道，只有偶爾才會與創投同業聚會交流，交換一下情報以及對投資的看法；但是過去這一年半來，我發覺我個人與其他創投同業交流的機會越來越多，而與新投資案的創業者打交道的時間反而一直呈現遞減狀態。「我們達利已經六個月沒有投資新案子了！」「喔，我們最近的投資動作也很slow！」這是我一年前與某創投同業的對話；「達利除了最近一個turn-around的案子外，已經十八個月沒有投資新案子了！」這是我最近與另一創投朋友的對話；本來我一直以為是因為達利太過挑剔，太過保守，沒想到與幾個創投同業交流過後才發覺「找不到好案子投資」好像是今天創投行業裡的普遍現象。「那接下來做什麼呢？」「什麼時候投資的景氣才會回春呢？」幾乎是最近每一次與創投同業聚會時互相提起的問題，對於後面一個問題，有樂觀派有悲觀派。樂觀的認為景氣總是在一片悲觀中回升，在投資景氣最低潮的時候是創投為下一波景氣佈局的最好時機，因為這個時候的投資價格最便宜，日後的投資報酬率一定也是最豐厚；悲觀的認為再也找不到像過去二十年遍佈在資訊科技業那樣有發展潛力的創業題目了，創投界的黃金歲月已經是一去不復返了。對於前一個問題，部分的創投一直在苦思對策，但我最近也聽說有部分創投同業已經著手縮編節省開支，準備度過這還沒看到何時會結束的「投資嚴冬」，更有幾家創投同業索性把管理的基金委託其他創投代管，自己卻將基金管理公司結束營業。

我與志華在一年前即有一種「好案子難尋」的感慨，在一次志華從美國回臺灣後（過去幾年志華總是美國、臺灣兩地來回，每次各約停留兩週，所以他在臺灣時，我會問他什麼時候回美國；在美國時，我又會問他什麼時候回臺灣；而他總是在回美國或回臺灣後，帶來一些有創造性或突破性的想法），告訴我他幾經思索認爲市場上有投資價值的案源枯竭是大勢所趨，創投接下來能夠做的就只剩下TARF（turn-around and rescue fund，重整基金）以及NPAM（non-performing assets management，不良資產管理）了；對於NPAM，我們由於不熟而決定先花一些時間向行家學習後再說；但對於TARF這個方向，由於我們兩個過去的工作有很多的實務hands-on經驗，對自己也都抱有十足的信心，所以我們當下就決定把整個達利的資源轉向移往TARF案子的尋找；足足一年，我們透過各種管道尋尋覓覓，找到並評估過幾個可能的turn-around案子，但是除了我目前正在做的「劍度」以外，全都「不可行」；部分是因爲「病入膏肓爲時已晚」，部分是因爲「找不到施力點不適合我們做」，但有更大的部分是因爲「創業者主觀上不認爲他的公司已經到了需要被turn-around的地步」；「癩痢頭的兒子還是自己的好」，要這些創業者承認公司的經營已經不行了，要他們讓出經營權以引進外援來救公司，在心態上他們是很難接受的；我就看過幾家這樣的公司，拖過了「急救時機點」，最後只好眼睜睜見她壽終正寢；有些甚至是公司實質上已經掛了，但卻還在氣如游絲似的經營，經營者不承認公司實質上已經倒閉，完全沒有繼續經營的價值，但卻留住幾個領不到薪水的員工在撐著場面，宛如「企業僵屍」——只是一具還會動的屍體。

天不絕人願，就在我們苦於找不到出路的時候，同屬明基集團的友達光電主導了一個T

ＡＲＦ的案子——劍度，我個人也因爲這個案子被轉調到友達以劍度的董事長身分去負責劍度經營績效的整頓。

從去年十二月十六日我在劍度的董事會裡被推舉（其實是任命）爲董事長後，我就一頭栽進「劍度的體質改造以及轉虧爲盈」的任務裡；很幸運的，我們在今年一月就轉虧爲盈，今年前四個月的獲利就已超前目標；今年五月是我們主導劍度ＴＡＲＦ案例之後的第一次對外公開現金增資，雖然事先我擔心因爲總統大選後臺灣股市不振，可能使得對外募資不順利，可是事後證明有意投資認購的投資者還是絡繹不絕，投資者對劍度未來的獲利展望充滿信心。雖然這只是我們第一個ＴＡＲＦ案子初期的績效表現，未來還是會有許多變動因素需要繼續觀察與管理，但對於這次參與從事ＴＡＲＦ作業的同仁而言，這樣的績效總是一大利多，並發揮了積極的鼓舞效果。

這次對外募資中，有很多創投同業也來共襄盛舉，雖然我與他們都是舊識，但是談到投資，他們沒有一個不是一板一眼，該做的 due diligence（查核）一樣也少不了；不出預料地，他們都問到我是如何使劍度在我們介入經營後的第一個月就轉虧爲盈。一來、大家都是同業，我也不好打虛招，二來、他們都是可能的投資者，我更需要說實話；三來、我對自己的成績還頗滿意，更沒必要說客氣話。所以呢，我當然是如實以告，有四個因素缺一不可；一、雖然過去一直處於虧損狀態，但劍度本身的體質並不是壞到無可救藥的程度，而且原有的團隊在能力以及士氣上，只要加以適當的調整及組織改造，還有很大的向上提昇的空間；二、友達在技術上的支援，甚至必要時可以派出整個技術團隊前來支援；三、明基及友達聯手建立的實用管理平臺以及優質企業文化的輸出，讓我可以在短時間內就讓劍度建立一個健康的組織架構及管理制度，這一點是我認爲最重要的關鍵因素；四、我也不客氣地說，我個人以及從友達徵調來的兩個同仁也發揮了有用的效果。

從創投的業務到TARF的執行，我個人歷經的轉變不可說不大，但由於我在進入創投行業之前就有將近二十年的管理實務經驗，再加上友達、明基在後面無條件給我的資金、管理、技術以及人力上的全力支援，才能讓我在短短半年就交出一張還令自己滿意的成績單。回想這半年，我在劍度做的這個TARF案子與之前做的投資案，在本質上有極大的差異，大概可以分爲下述三方面：

第一、過去的創投注重 portfolio 以及風險分散，TARF卻是注重集中火力。

過去創投在投資手法上面首重 portfolio 的安排，與風險分攤，所以很多傳統創投針對手上的投資資金都會作事先預定投資的產業與投資家數的 portfolio 作些原則性分配，基本上對一個產業或是同類型的案子不可以投資太多，更不可以集中在某個產業或是某家公司；總括而言，過去的創投是「案源多多益善」、「投資注重分散風險」。現在把焦點改成TARF以後，我估計以我們的現有人力一年充其量也祇能主導一、兩個案子而已，而且TARF的每個案子所需投入的資金都是一般創投案例的數以倍計，就拿我們所作的一個案例來說吧，第一次我們決定投資進去的金額就將近十億元！所以達利現在的投資原則是精挑細選、集中火力、重點投資一、二個「年度大戲」。

第二、過去創投的業務我們能做的多只是旁觀指導，現在TARF則需要捲起袖子親自下海。過去創投對每個單一投資案子所能投入的時間與關切的程度要有所分寸，不可過少，更不可過多；不然一個人管不了幾個案子的，最好對每個投資公司的管理都僅止於董事會、股東會以及三不五時偶一爲之的提醒與關切就可以了，創投的身分像是岸邊指導游泳的教練，千萬不可以自己跳下去，不然時間資源馬上就被耗光。可是TARF案件我們所投入的人力負擔很重，因爲你負的是全責，所以必須是全職。在劍度的TARF案件上面，我們對投資的管理不但是參與董事會，還眞正地主導該公司每天的經營管理會議與日常工作，雖然原管理團隊大部分還是留在原來的崗位上繼續奮鬥，但最後的成敗必須由我們一肩承擔，這不就等於是我們在經營一家公司嘛！不管大大小小的事情都是我們的責任，我們的角色突然從「敲敲邊鼓」成爲「公親變事主」！去年我們才作一個案子，達利與康利兩家投資公司的人手就被吸走了大半數！

第三、過去創投一有獲利機會就盡快獲利了結，不可戀棧；可是作TARF以後，每個案件卻都是長期抗戰，一插手以後就不能輕易說落跑就落跑。我們TARF案件的切入都是先進行減資，再以較低的價格投資一定的比例之後進去主導經營；其他股東之所以同意讓我們以低價投資、取得經營權的原因，就是他們期望我們的介入能夠使這家公司起死回生轉虧爲盈，並在長期有發展成卓越公司的機會，所以我們一旦介入就得要有長期抗戰的準備；心態上像是在養自己的小孩，不等他長大成人事業成功是不可能出場的；經營成功了，榮耀與獲利你是雙收；經營失敗了，投資的虧損以及名譽的損失你也都要承擔，這種心態與過去創投的「盡快獲利了結」完全不同。

回頭想想還好我們改變得快，也加上友達給了我們劍度這場及時雨，所以達利、康利過去一年多的績效還頗令人滿意，雖然未能凌駕群雄，但我們在TARF上面的做法倒也逐漸在業界打開了一些知名度；至少現在主動找上我們合作的TARF案件比以前多了許多。有關我們如何將劍度轉虧爲盈的整個九彎十八拐過程的「眉眉角角」以及崎嶇轉折，即使到現在才只有六個月，但已經充滿了各式各樣可以與經營管理教科書媲美的案例內容，我正在考慮是否等到劍度這個TARF的案子有一個令人滿意的結局時，把過程中我碰到的問題以及這些問題最後是如何被解決的，另外集結成冊寫成一本「實戰錄」。

成功之道無它，少犯錯而已

有創投業的朋友問我「爲什麼在繼《流氓創投》之後，還要繼續寫有關創投及創業的書？」

我想一方面除了好玩，以及在找不到投資案時自己找些事來做外，一方面也是我們想把自己的一些經驗及對產業的觀察與大家分享(這個理由聽起來不太像是禿鷹的本性)；雖然這兩本書我們都是以負面的筆調來敍述創投工作中的所見所聞以及親身經歷，但是相信有心的讀者必定可以從我們這些負面的敍述中找到一些有助益的材料的。

世事的運轉無論古今中外，總是如此，只要你成功了，自然會有很多人來幫你編故事，報導你可歌可泣從萬難中一路走來的掙扎奮鬥，過程中令人迷炫的曲折故事，事後想起來令人讚歎的先見之明，以及接下來你要追逐的偉大目標。這些文人加工過的成功故事總是含有大量的事後諸葛，總是有一堆人事時地物的巧妙安排。成功，從某個角度看只是在適當的時機努力不懈地去做了一些適當的事，別人成功的故事等你知道時，時態上都是屬於過去式，「對的時機」已然隨風飄逝，或者大環境已經改變，你想要如法炮製恐怕最後呈現出的結果也無法如願。所以，我們能從他人成功的故事中學習的東西其實非常有限，這些成功的故事充其量也只是提供給我們一些激勵因子，讓讀者在心裡產生「有為者亦若是」、「彼可取而代之」的雄心壯志而已。

其實只要你暫時拋開那些嘗試把這些成功人士神格化的報導，近距離地觀察這些成功的人士，你會發覺他們在過程中也是戰戰兢兢、一路上少不了跌跌撞撞，最後的成功也不過是比別人少犯一些錯，在機會臨幸時比別人早一步掌握到，當然努力不懈是絕對少不了的。對於有心學習的讀者，眞正有用的是「踏著別人的錯誤往前走」，別人犯過的錯誤，我們銘記在心，避免重蹈覆轍；讓那些犯過錯的人替我們支付通往成功的學費，這是爲什麼我與志華繼《流氓創投》後，又把我們過去兩年在從事創投工作觀察到別人所犯的錯以及一般創業者的迷思現象撰寫成這兩本書的原因。

作爲一個創投從業人員，我們也是從別人過去犯過的錯誤中，一步一腳印，一邊做一邊學；除了找到對的投資標的外，協助已投資的創業者把公司從無到有、從小到大、一步一步地拉拔長大，是我們日常最花時間的地方。達利花了兩年的時間掃街，把國內的IC設計業未上市公司掃過了幾圈，認識了兩百個以上的創業者，也與其中一些創業者建立了惺惺相惜的友誼，我們非常慶幸有這樣的機會能夠協助其中一些創業者擬訂他們的經營策略、產品發展策略及市場行銷策略；但我們更清楚我們對這些創業者眞正最有用的價值是在幫助他們少犯一些日後會令他們後悔的錯誤，雖然這樣的貢獻通常沒有辦法在一開始時就得到他們的肯定。

這樣的理由應該可以說服讀者接受爲什麼這兩本書總是以負面的案例及語氣來鋪陳故事的發展。

創投的工作內容

自從《流氓創投》一書出版後，我經常被問到「創投到底是一個什麼樣的行業？」「做創投的好像每天都穿著光鮮亮麗，坐在高級辦公室裡等創業者上門求見，創投除了手上有錢，還需要具備什麼條件？」「從事創投業最大的挑戰以及困難是什麼？」其實創投的工作一點都不像從表面上看起來那麼的優雅輕鬆，創投的工作也像其他很多類型的工作一樣，充滿著辛苦甚至可以說是辛酸。

創投成敗的關鍵在於能否發覺並投資未來可能成功地以高價上市（或高價被購併）的公司；並避免踩到地雷，投資一些怎麼扶也扶不起的「阿斗型」公司。創投每天都需要面臨很多來自「不確定感」的壓力，絕大多數的時候你必須在資訊不完全（或甚至有誤）的情況下做出一些金額在千萬元以上甚至上億的投資決策；你決定投資的公司會不會「出師未捷身先死」，你決定不投的公司會不會「峰迴路轉一路發到底」，在這取捨之間，常讓你輾轉反側；更難過的是，所有你的投資絕對都不會是「一翻兩瞪眼」，每一個決定都是「欲知後事如何，且看『三、五年後』分曉」；每一個決定的「不確定感」總是會如影隨形地跟著你繞樑繞個三、五年，然後你才能聽清楚那個餘音奏的是「快樂進行曲」還是「kiss and say good bye」。

創業者經營事業就像是指揮家在指揮一個交響樂團，團員是他僱的，曲目是他編的；創投投資了後就像是買門票進場聽一場音樂會一樣，你只是個觀眾，你沒有辦法下場替他指揮；當然，你相信這個指揮家他心裡也是想奏出「快樂進行曲」，但中途會不會二黃轉中板——變了調，你無法預知也無法控制，只能在一邊乾著急，頂多也只是替他檢查一下樂譜對不對，要不要換個譜來奏，提琴手勝不勝任，要不要換個提琴手，是不是旋律裡少了鼓聲，要不要添個鼓。在你獲利或認賠出場前，你的心情總是隨著他的樂音而起伏不定。

創投對一個投資案常常猶豫不決、不敢投、投不下手，也常常不敢不投；大家都說這個領域是明日之星、是未來的金雞母，而爭相投資，你就算心裡覺得不紮實，從眾以及怕沒有跟上的心態也讓你不敢不跟著投。所以，過去在創投界一窩蜂及盲從的現象也是屢見不鮮所在多有。在股市進入多頭行情時，急如熱鍋螞蟻的不是那些看錯方向的放空者，而是那些滿手抱著現金的空手，因爲看錯了方向可以修正，但是那些空手，會因爲自己一時疏忽錯失賺錢良機而後悔不已。創投會有一窩蜂及從眾的現象也是因爲這樣的心情。越多人下注的投資案是越熱門，不跟著投是如坐針氈，寧願冒一點風險也不能在這賺錢的熱潮中缺席。二〇〇〇年時的網際網路及光通技術的投資熱潮不就是擺在我們眼前最佳的例子嗎？

另外，創投還偶而會碰到一個兩難的局面，在一個已經攻下的碉堡裡，前有敵方重兵環伺，後面援軍未到的情勢裡，你是要棄守還是要冒著槍林彈雨朝著下一個碉堡匍伏前進。已經投資的案子，照理講對創投來說已是一條不歸路，但是公司的經營沒有起色，你是要從此認賠了事（這樣會不會錯殺無辜？），還是要投入更多的籌碼跟進（這樣做會不會越陷越深？）。

就像在棒球場上，創投每次就打擊位置時心裡想的多是打全壘打，至少也要能揮出一支安打，上壘後再想辦法盜壘；輪到你有機會拿著球棒站上打擊區時，你必須拿定主意，是要當鈴木一郎只求揮出短程安打以拉高安打率呢，還是效法Barry Bonds，每次打擊都奮力一揮，棒棒都想揮出滿壘全壘打。在打擊板上你有時還會碰到很會吊球的投手，乍看他投出的是一個適合揮大棒的好球，但近身一看，根本是個大暴投；你要是一時不察，果眞奮力揮棒——那就是蔣幹盜書——上了大當囉。在棒球的規則裡，每次你有三次打擊機會，揮棒落空三次你才算三振出局，但是對創投而言，每次你都只有一次機會，揮棒落空一次你就出局，當然一次的出局並不表示比賽就輸了，但棒球比賽的輸贏不就是靠著一棒一棒的安打累積得分的結果嗎？！所以也難怪創投對每一筆投資總是如履薄冰如臨深淵。

創投的工作絕對不是如一般人想像中的輕鬆愉快。

創投與創業者的關係

有某一個創投同業曾經形容創投與創業者很像是陸海空三軍及聯勤總部之間的關係，打仗時，陸海空三軍在前方抗敵，隨時必須冒著生命危險，在槍林彈雨中力求爭取最後勝利，這通常是我們要求創業者做的工作，而創投就像是聯勤總部，大不了就是在後方揮汗如雨，辛苦一點而已，生命危險是談不上。打敗仗了，前方的「英勇戰士」要比後方的「無名英雄」要受傷得嚴重；打勝仗了，前方的「英勇戰士」是出盡鋒頭勳章滿天飛，而後方的「無名英雄」可是眞正的「功成不必在我」。

我的經驗裡創投比較像是前面擺著水晶球的算命家，替人鐵口直斷將來事業會不會成功，只不過是這個水晶球表面凹凸不平，水晶球裡面的影像看似清楚卻又閃爍，讓你的眼睛看得好不吃力。不同點是創投在替人算命時是不收費的，碰到本命不好的大可轉身就走；碰到命裡八字帶點斤兩的，趕快掏錢給對方，拜託對方收下當成上京赴考的盤纏，還深怕對方不要你的錢，如此賭對方的前途，無非是期待他日這個貴公子要能夠金榜題名一人得道時，你就圖他個跟著雞犬升天。創投的功力如何也正可以比擬「算命的功力」，有些好的創投總是能夠像「紅佛看李靖」——早知他是英雄，在創業者還在慘澹經營的時候，就敢放膽投資他，當然日後收穫也必令人稱羨的；有些苦命的創投，可能是因爲他的晶球球面太過凹凸不平，總是沒有能夠清楚地看清對方的命盤，老是花了冤枉錢賭錯人。

讀者諸君，您說要做好創投所需要的功力是不是跟會不會看相有一點相關呢？關於創投生活與工作內容，讀者將可以在書中看到更多更有趣的描述。

我這幾年所接觸的創業者，感覺他們大部分的時候是孤獨的，創投能提供的最大價值就在扮演「友直、友諒、友多聞」的角色。但是通常來說，創業者與創投之間的關係也是會隨著不同階段（時間、雙方心態、公司經營狀況、競爭狀況）的改變而改變的。交換過名片的朋友、免費顧問（友多聞）、投資關係（友多文）、實質顧問、合作無間的夥伴、朋友（一生難得幾個的）。前面一段相互間透過溝通互相了解己方是否能給對方帶來價值，對方是否能給己方帶來利益；後面一個階段已經有了投資關係，其實大家已經在同一條船上同眠共枕，利益是休戚與共，除非是一方覺得另一方做出對不起他的事，心裡感覺委屈，否則通常能夠一起走一段相當長人生（公司成長）的道路；最是詭譎的是投資前的議價談判，那時雙方的關係有點類似零合的遊戲，你多一點我就少一點，雙方總是在期待對方能夠了解「有捨有得」的大道理；此時的談判協商甚至會到爾虞我詐針鋒相對的地步，反正各為各的最大利益在努力，從商業運作的角度來看，也算是無可厚非，每一個人都是在做他份內該做的事（everyone is just trying to do what he is supposed to do.）。

有些時候，創業者會擔心創投中有一天會利用它們雄厚的資金資源，想辦法稀釋經營團隊的股權，請他走路，接手公司的經營，如此他的畢生心血將拱手讓與他人。當然這樣的擔心是可以理解的，因為過去的經驗裡也不缺創業者最後讓出經營權、退出經營團隊的實例；只是一般來說，創投最不想要做的就是介入公司的經營，除非是創業者已經把公司經營得一團亂了，創投才會為了保障自己的權益而重組經營團隊。我曾看過很多創業者在一開始時為了保障自己日後的經營權，而在投資條件（terms sheet）裡加了很多保護條款，創投家們當然也不會是省油的燈，看到這樣的條款，在作投資評估時，通常都先扣他十分再說。創投與創業者之間建立雙方的互信基礎是唯一可行的方法，企業的競爭環境是不斷在變化的，沒有人能夠準確地預測一年以後的事，更遑論三、五年以後的事了；假如創業以及創投雙方都想要以合約來保障自己的投資風險的話，這種合夥關係通常在第一天便已埋下日後破裂的嫌隙。關於創投與創業者之間的各種關係變化，讀者也將可以在本書看到很多有趣的例子。

創業成功需要有許多主客觀的條件，但是單一最重要的因素是人，尤其是主事者（通常是創辦者）。而通常一個投資關係需要維持三到五年，在這麼長的合夥關係中，自然地，對投資者來說這個創業者的人格特質是最重要的考慮因素，說來或許大家很難相信，但我與其他創投同業曾經就這個題目交換過意見，大家幾乎一致認爲創業者的「品德」對投資者來講是最重要也最關鍵的特質。至於「品德」以外，具有什麼樣條件或特質的人才是創投眼中最有投資價值的創業者，這個從來就是莫衷一是眾說紛紜的，我們這兩本書也嘗試從幾個不同的面向來剖析。

感謝我生命中的貴人

與我相交二十年有餘的好友李志華：我與好友李志華相交二十年有餘，他對我一直就是亦師亦友，他過人的能力眾所週知，只是到底有多厲害也是衆說紛紜。就像金庸小說「神鵰俠侶」中的獨孤求敗，三十歲以前用紫薇軟劍，打遍江湖無敵手；四十歲以前改用「重劍無鋒，大巧不工」，持之而能橫行於天下；到了四十歲以後，已經練就「不滯於物，草木竹石均可爲劍」，自此而進入無劍勝有劍之境界。金庸小說中的另一個人物楊過只受獨孤求敗身邊的神鵰教導，便已是「神鵰俠侶」中的絕頂高手；而令狐沖只靠著獨孤求敗所創的「獨孤九劍」，便可以輕易地在「笑傲江湖」中稱霸於當時的武林。這二十年來我就像楊過與令狐沖，志華一向不吝於教我，只是我只能學到個一招半式的地步，卻也到處管用就是。

至於李志華如何能夠練到「不滯於物，草木竹石均可爲劍」的境界，我也不知道，只是他這個功夫很讓我「欽之、羨之、心嚮往之」就是。

讀到這裡，好事的讀者可能會問：「獨孤求敗後來被稱爲獨孤劍魔，而爲什麼被稱爲劍魔而不是劍神？是因爲他一生中只追求武功的成就，沒有做任何利澤於天下蒼生的事業，所以雖然武功蓋世卻只能稱劍魔。是不是志華也屬此類劍魔？」讀者要是有這樣的疑問，那是因爲你沒有機會近距離與我這個好友相處；就我對他的了解，他一向是「一簞食一瓢飲」、「成大事以小心，一生謹慎」，就這一點而言他和獨孤劍魔是完全不同的。讀者若是想在他和我之間用「獨孤劍魔」的隱喻來「見縫插針」，我看就省省啦！

明基集團的大家長李焜耀：我在這裡特別要對人稱「KY」的明基集團大家長李焜耀表

達謝意，或許有點流於「拍老闆馬屁」之嫌，但是怕人家認爲我在拍老闆馬屁就不敢感謝當感謝之人，那也是太過假仙而流於矯情了。

要利用這個機會感謝ＫＹ的地方有兩點：

一、我過去讀過數量有如「堆冊齊眉」之管理及領導的相關書籍裡，談到有關於「好的領導人」是什麼樣子，具有什麼特質，各種說法是包羅萬象百家爭鳴；這幾年來，ＫＹ提供給我一個活生生的最佳驗證。認識他十餘年、加入明基也已經進入第七個年頭了，我常有機會和他討論公司的經營策略規劃，也有機會看他如何處理人事調配的問題以及公司版圖佈局的運作；這些經驗讓我對照過去讀過的書籍，對我個人功力的增進有相乘的效果。我在與達利的 portfolio companies 的經營者談經營策略或公司治理的時候，也常常碰到我無解的狀況，這時我總是在心中暗想：「要是ＫＹ碰到這個情形，他會怎麼處理？」用這種方法找到的答案也總是能夠讓對方口服心服。

二、也是因爲他的經營及領導特質裡具有「笑看產業縱橫如棋，調兵遣將心田似海」，他才能包容我時不時就擦槍走火的「離經叛道」之作；ＫＹ甚至好像從容忍轉而把我的這個「在很多公司會不見容於當道」的缺點當成是一個可以爲公司所用的特點，讓我往後更能放手去做（當然指的是對公司有利的事）。

我在友達的老闆陳炫彬（ＨＢ）、以及同僚鄭煒順（Max）、盧博彥、熊輝（Kuma）：

HB在我苦於找不到達利的下一個施力方向時，在友達提供一個「往上游紮根」的職務給我，甚至讓我全權管理創利的投資資金；Max是我見過最不像財務主管的財務主管，對於整個光電display產業的未來發展及世界競爭局勢他不但有獨到的看法，對於友達未來的策略發展方向，他也是如數家珍；Kuma由於國際業務繁忙，能留在臺灣的時間已經不多了，然而每一次劍度的董事會股東會，他都全程參與，並在會議進行中幫我說服股東同意我對劍度經營方向的提案；博彥身繫友達所有的技術開發及工廠operation，爲了支援我技術能力上的不足，他信守當初對我的承諾，必定出席每週一次的技術檢討會議，劍度的生產良率以及四、五代廠的建廠進度，因爲他而日起有功。

當初，劍度的TARF案子擺上友達桌面討論時，說眞的，實在很難看出這是不是一個可行的案子；由於時間緊迫，我們所能做的due diligence非常有限，我不得不佩服我這幾個友達的同事，在這件投資案上的果決與獨到的眼光，這絕對不是一般人所具有的「膽識」；另外，在我剛接康利時，我要求他們各派一個他們的部屬給我；起先，我並沒有期望他們會指派「好的有潛力的」員工給我；相反的，我倒是主觀認定他們一定會指派在他們部門裡比較「閒」的人給我；只是沒想到Max, Kuma及博彥分別都給我一個他部門裡最有潛力的人才，就這一點，不只讓我個人感動不已，還說服我相信友達的組織文化裡那種「幾乎完全沒有本位主義」，以及「我爲人人，人人爲我」的團隊精神。

含辛茹苦扶養我長大的母親：我那凡事容易驚慌緊張的母親，從我小時候對我的所作所爲總是過分的嚴加管教。她的很多觀念以今天的社會發展及價値觀看起來，都是跟不上潮流的，還好我有獨立思考的能力，對於她強加在我身上的觀念，也能夠愼思明辨。唯獨有一樣，我是深深地受我母親的影響，她一生不願佔人家的便宜，托人家的人情時是久久過意不去，對於與他人有利益糾葛的事（當然都是小事），她也一向先自己退讓三步；對於我的行爲，她總是告誡在三，「不是我們的千萬不能要」。

做爲一個專業的創投，琴棋書畫說學逗唱各式各樣的能力你都需要具備一二，各項的能力指標也都很重要；但若是要我在這些能力指標當中選擇一樣最重要的，我會選擇「對金錢的態度」；創投的日常工作常常有機會與大筆的金錢扯在一起，處理得不好，在替公司操作投資業務的過程中，個人的利益也容易牽扯其中；一旦把自己的利益也牽扯到公司的投資業務裡，必定遲早會被淘汰出局的。我何其幸運能具有這個做爲創投從業人員最寶貴也最重要的人格特質，說眞的，都是因爲我的母親從小就強加灌輸給我忘也忘不了洗也洗不掉的那個「對金錢的態度」。

1
定位篇

創投是幹什麼的

創投本質上是投資者的身分，
「將本求利」是創投的最高原則，
因此如何適時適地、恰到好處地提供協助，
幫助創業者成功，然後再藉此獲利，
這才是創投的價值所在吧。

【前言】

創投的定義是什麼？是幫助已經很有錢的人賺更多的錢？還是把錢從有錢人口袋中拿出來，去資助那些阮囊羞澀可是卻有理想、有抱負、有能力爲社會創造出更多資源的年輕人？創投人到底是如何定位自己的？是創業者的搖籃與守護神（guardian angel）？或者單純就只爲了賺大錢？

創投的價值又該定位在哪裡？

一個成功的創投人需要具備什麼特質呢？

【故事主角】

查爾斯、米爾肯：達利的AO

這一天，正當查爾斯和米爾肯在討論某個公司的增資營業計劃書的時候，畢修突然走出辦公室，踱到兩人的座位旁；看樣子畢修好像有話要對他們說似的！

果然，畢修一轉頭，提出個新的建議：「好一陣子沒什麼事情忙了，我看今天你們也沒特別的事要做，閒著也是閒著，我與傑夫在寫創投的書，想聽聽你們自己對創投的意見。」停了一下，看看兩人滿臉疑惑狀，所以又接著解釋說：「我想問你們的是，你們自己是怎麼看創投的？創投在社會上的定位是什麼？照你看來我們到底做什麼才對？」

查爾斯和米爾肯有點驚訝。怎麼？整天談別人還不夠？現在閒極無聊，連自己都要拿出來談一談了？

不過畢修說的也是，已經好一陣子沒有什麼新鮮事情，這一段時間創投業沉寂得很，好案子非常少，連帶地大家掃街的興致也相對低落；利用時間來談談自己也好，就算是殺時間吧！

創投的定位

查爾斯先丟出一句半玩笑話：「創投嘛，不就是幫助原本就已經很有錢的人去賺更多的錢嘛！」說了以後，連自己都笑了出來，但也頗自豪自己講出一句很富哲理的話。

等大家笑過後，查爾斯才正色地說：「不過我認為創投應該有一些特殊的定義才對，例如：把錢從有錢人口袋中拿出來，去資助那些有理想有抱負而且有能力替社會創造出更多資源，但是自己卻沒有資源的年輕人！你們想想看，幫助企業成功的顧問服務是很貴的，新成立的公司通常是很難付得起的這筆費用，再加上公司剛成立時又缺乏資金，只有靠創投了！」

「沒錢？只要拿股票來換，到處都找得到投資者願意提供各種服務！」畢修邊笑邊反駁著。

「那我就修改一下查爾斯的說法：創投應該支持那些靠自身實力而不是靠特權和關係而追求成功的年輕人，有時候即使投資他也不計成敗！」米爾肯接口。

「什麼？那創投不是成了社會救濟了？不通不通！」傑夫正好走過來，聽到這句話馬上露出了禿鷹嘴臉。

米爾肯有些緊張地解釋：「我不是這個意思，我是說創投應該是**『創業者的搖籃』**，**『創業者的守護人』**，協助那些有發展遠景但目前體質還不夠健全的新創事業，也就是說創投是那些有抱負有能力的創業者尋求協助的地方，協助他們清除及克服創業的障礙，以及協助他們提昇創業成功的機率。」

等了一會，米爾肯接著又補充：「還有，除了錢以外，更重要的是**諮詢**！我們幫助經營者了解外界的訊息，並且可以提供我們對未來的觀察與看法給創業者參考。」

畢修笑了笑，「你說了半天都是高調，我問你，你對錢的看法如何？你難道不覺得創投其實也是金融業的一員！創投的 mentality（心態）就是想賺大錢（handsome and sexy profits），而不只是賺合理利潤（reasonable profits）嗎？」

畢修看看兩人似乎沒有聽懂，所以又接著解釋：「前兩天你們有沒有看到愛麗絲轉來的一篇報導？報導說美國的創投從業人員有三五〇〇人，臺灣則有二〇〇〇人；這二〇〇〇人在做什麼？不就是個鼓舞創業文化的團體嗎？與創業者共生共榮，功成名就是創業者的；**創**

投只是陪他們走過最難的一段路罷了，等到了康莊大道就獲利了結，走人！」。

查爾斯挑眉看著畢修，問道：「畢修，在你心中，創投恐怕不只賺錢這麼簡單吧？」然後再以「受教」的姿態請畢修發言：「說說你的見解嘛！」

畢修笑了笑，看看查爾斯和米爾肯都以充滿期待的眼神望著他，於是收起笑容說道：「當然！創投應該挑戰社會的主流價值，勇於破壞傳統價值及傳統作法，因爲創業者必然會縮短科技創新的過程，因爲他們可以避開大公司的企業官僚體系以及呆板的組織制度，他們必須改變市場規則以取代已經在市場立足的大公司，換句話說**改變規則是新創公司生存下去的唯一希望**。那些檯面上的大公司可以將之視爲既得利益者，他們通常失去改變世界的動機，傾向維持現狀，甚至會阻擾任何可能改變現成世界的任何因子。

所以創投業本身就充滿著創新與突破，必須尋找新機會、新的創業者，以及新的營運模式，以超越傳統的經營手法、投資策略，在創業方法上不斷地推陳出新。」

說的好，連傑夫都聽得津津有味；不過查爾斯和米爾肯聽了畢修的說法後一時不知如何接口，他們都知道「創新風格」是達利追求的目標，也是達利的風格，但實際做起來並不像說的這麼容易。

四個人靜了一會，還是畢修打破沉默，「至於剛剛米爾肯所提的諮詢來說，我認爲，創業公司的經營如果有所偏差，必須做出調整的時候，創投頂多是在一旁以顧問的角色提出建議，或者盡量說服、威脅利誘經營團隊採取適當的相應措施，我們不可能越俎代庖的。」

「這我知道！」查爾斯接口，「創投最常做的方式就是以問『對的問題』的方式或是舉類似的產業界成功的例子來引導創業者或經營者。換句話說，創投就是要不斷地問正確的問題，幫助經營團隊往正確的方向去思考。事實上，經營者能向創投偷學的地方很多，比如說記住創投曾經問過的每個問題並加以思考，因為我們所問的這些問題，在他們經營公司的未來多半會碰到。」

「是呀，創投不會被創業者的 daily jobs（每天例行工作）綁住，比較客觀，也比較宏觀，所以常常能夠以旁觀者清的角度提出建議。」米爾肯贊成，可是又有些擔心的問：「我們只能說不能作，會不會力不從心，風險很大？」

創投與風險投資

「耶，我們本來就是『風險投資』嘛！」查爾斯消遣了一句。

「說到風險，我倒問你，風險來自哪裡？」

查爾斯笑了笑，胸有成竹地回答：「風險來自三方面，第一、**投資前**新創公司的不確定性，公司方向不定、市場尚未完全成型、競爭者不明、管理經驗不足、團隊默契未形成、技術未經測試等等；第二、**投資的時候**，風險來自競爭，好不容易有好的案子出現，創投同業慣於競相追逐，不可能讓你有猶豫不決的空間，只好倉卒決定，這也加重了風險；最後的風險當然就是**投資以後**事與願違，創業者的表現與心態與當初我們想像的不同！我看就這三個風險來源吧？」過了幾秒鐘，查爾斯又皺著眉頭，「風險這麼多，你與傑夫當初怎麼有這個膽量來決定投資與不投資的呢？」

畢修點點頭，有感而發地接口：「創投的專業，說穿了，其實也只是有經驗的人，憑著直覺來做決定；所以往往需要在資訊不足的情況下做決定。

當創投的很多時間都是處於沒有地圖、沒有路標，有時甚至不知道將前往何處，更不知現在到底身在何處的情況下；在這種時候，我們必須面對不確定性，還要能夠在短時間內鎮定地理出頭緒才行；所以平常就要做homework（家庭作業），累積產業知識、識人之明和人際網絡；我看是**要有『識』之後才能夠有『膽』**；不然**光有膽，沒有識**是不行的。」

創投人的特質

「膽識？我看應該是一種人格特質吧？一個成功的創業者必定有他的成功特質，那我們自己呢？一個成功的創投除了畢修講的膽識以外，是不是也會具有**某些特定的人格特質**呢？你們當初是用什麼條件來招募新人的呢？」查爾斯很好奇的問。

「這是個好問題！」畢修眼睛一亮，「你要不要先自己回答呢！你是怎麼進來達利的？」

查爾斯一聽畢修這話邊暗罵自己多事,邊思索邊說:「先說好的創投家的人格特質吧……必須求知慾強、好與人交往、善於讀人,了解人性、腦中隨時有清晰的產業關聯圖,豐富的想像力、business sense(生意人)特質、對新事物的好奇、觀察力強、悲觀小心(投資前)、樂觀堅持(投資後)、敏感的直覺以及能在不確定性中做決策……」說著說著,怎麼變成自我標榜似的,所以查爾斯有些心虛的向米爾肯遞去求救的眼神。

「唔,要我說嘛,還有能夠在短時間內取得別人的信任、commitment(承諾)、誠實率直和幽默感、權威感、忍受孤獨並把掌聲讓給經營者……嗯……好像就是這樣了。」米爾肯說完,看看畢修。

畢修點點頭,接著說,「我還想到幾個特質,具備前瞻的格局(think ahead)、能看清大方向的能力、心胸寬大隨時準備承認錯誤、發問而不給答案的啓發能力、對產業經濟發展的社會理想主義、帶點自傲而不輕易接受失敗、把別人的錢看得比自己的錢還要大……講到這一點,老實說,在每一個case(案例)決定要不要投資之前,我都會問自己願不願意拿自己的錢投進去?願不願意加入這家公司把自己的前途賭進去?可是我也不知道傑夫是不是也這樣考慮的……」

說的有道理,查爾斯和米爾肯聽了後連連點頭,查爾斯轉過頭問傑夫:「是呀,傑夫,你方才都沒有說什麼話,我一直很好奇,你對投資案例看法如何,創投的定位到底是什麼?

在你的看法裡面，創投是幹什麼的？今天趁這個機會跟我們說說吧？」

創投的工作哲學

這一問三個人都看著傑夫。

傑夫本來只是順道來聽聽的，根本不想談什麼正經事情，給查爾斯這麼一問可楞住了。他搔搔頭，想了幾秒鐘，然後很正經地說：「你們問這個問題還眞不好回答……嗯，這樣吧，我用電影裡面的角色來說明比較容易。

第一個是《偷天換日》（*Italian Job*）這部電影的女主角，是莎莉・賽隆（Charlize Theron）吧？那個亮麗的美女，記得吧？一開始，她的角色是個受僱於警察機構的開保險箱的技術人員，她開保險箱的時候總是全神貫注，可是當她打開保險箱以後便馬上收拾工具，帶著微笑瀟灑地走人，絕不好因爲好奇而朝保險箱裡面多看一眼！有個與她熟識的警察問她：『你打開過這麼多的保險箱，難道不想看看妳打開的這些保險箱裡面裝些什麼東西嗎？』她笑笑：『我從來不想，不看。』

這一段讓我體會深刻，第一，她受僱的工作就是把保險箱打開，工作範圍止於保險箱的外面，等一打開以後她就完成受託付的工作了，至於裡面是什麼？那根本不是她的工作範圍！第二，就是因爲她從來不看保險箱裡面的東西，所以等她接下一個工作，面對下一個工作的時候，她可以目標明確，心無旁騖，以專注的心理來面對新的挑戰。這就像另一部電影《末代武士》（*The Last Samurai*）裡提到劍道學不好的原因就是『too many minds』，顧慮到周圍太多的人在看，顧慮到這個、那個的，所以不能專注；一旦心無旁騖的時候，就可以把事情作的很好……從這兩部電影，我深切地感覺到這就是創投人員的角色定義：『**該投入的時候就全神貫注；該走人的時候就瀟灑走人，揮一揮衣袖不帶走一片雲彩。**』

這幾年，我與畢修經常討論的就是創投的角色應該是什麼？我們該給創業者什麼樣的幫忙？何時該給幫忙？什麼時候又該放手讓經營者自己面對挑戰？

後來我們歸納出幾個想法，第一，創投本質上是投資者的身分，『將本求利』是創投的最高原則，因此如何適時適地、恰到好處地提供協助，幫助創業者成功，然後再藉此獲利，這才是創投的價值所在吧；至於其他附帶的想法有些是『隨緣』居多，例如能不能與創業者成爲私人朋友之類的，這就不能勉強了。

你們也知道，這幾年隨著客觀環境的變化，達利在投資規模以及業務範圍不斷地成長與修正，大家都與創業者有很多的直接互動、有許多的討論、合作、爭辯，甚至有些還瀕臨翻臉呢！

在這麼多的經歷中，我們倒也逐漸累積出達利對創投的定位與角色的看法，那就是『**創投角色四部曲**』，從『**免費的顧問**』開始，讓達利與同業『合作』以爭取有利的投資條件，進而被創業頭家邀請投資，然後再登堂入室成爲第二階段的『**股東或是董事**』，雙方關係開始更爲『麻吉』，共同合作努力面對挑戰；等公司突破跌跌撞撞的時期，進入順利階段以後，我們又把角色改變成爲第三階段的『**待價而沽的顧問**』，以善待問者如撞鐘的方式及心態與經營團隊互動，這時候經營者碰到的問題往往都是刀光劍影、影響重大的挑戰，所以我們所給的協助與建議必須是眞刀實槍，要能經得起考驗；我們最擔心的就是創投的經驗不足，所給的建議與幫助不適用的話對經營者的影響可是巨大、甚至於致命的；這時候我們的角色很像電影裡面被僱用的開保險箱的人一樣，索價不貲，但物有所值。

最後當創業頭家們事業順利的時候，他們平步青雲，我們也與創業者**分道揚鑣，獲利了結**！這就是我對創投的角色與定位。

在創投角色四部曲裡面，創投的角色必須隨著所投資公司的發展而隨時改變，就是因爲爲我們必須隨時改變，所以我們更要愼重地找到作事的原則以及判斷的準則。

所以我對電影中所表現的那種『作事時全神貫注，事成後瀟灑走人』的態度非常感動！當我們與創業者共同解決問題的時候，我們必須有一種生死與共、禍福相倚、全神貫注的感覺，這樣才能將心比心地提出最適當的建議；當事過境遷，我們又必須把自己由投入的情境中迅速抽離，不著痕跡瀟灑地走人。

在我看來，事業終究應該是屬於經營團隊的舞臺，我們只是個想要獲利的投資者罷了！

如果我們不能瀟灑走人的話，哪能不帶私人感情地在適當的機會 exit（出脫）呢？又怎能同時管理手上這麼多的投資組合呢？

記不記得最近幾次的『成人禮』筵席，每次我都把成人禮前後創投角色的變化告訴經營團隊的每個人，同時也告訴其他投資同業，我認爲當公司經營上軌道以後，雙方的關係與互動在適當的時機是應該有個明確的劃分與調整才對，過猶不及都將成爲『迷失路』，誤人誤己。

好了，這就是我對創投的看法。你們有何指教？」傑夫說完看看大家。

其他人都聽得入神，找不到可以插話的地方；看來傑夫實在是會說話，一開口就是長篇大論的，說完讓人家連評論都不知道該從何下手，只是想到無論如何要去租這兩部電影的DVD來瞧瞧才行！

但是創投到底是幹什麼的呢？

照這樣一說，難道創業者與投資者眞的都是充滿理想，彼此契合，一起和諧的走完應走的路嗎？

未必吧！世間哪有這麼好的事情？

創業者與投資者雖然有理想，可是更重要的是雙方的關係是建築在錢的基礎上耶！一牽扯到錢，事情哪有這麼單純的呢？

2

虛僞人

爾詐我虞的創投人

「錢」好談，「價值」難言。

你談的是錢，他談的是價值，

這兩個怎麼會一樣呢？

而且人就是這樣，一方面對錢錙銖必較，

可是一方面又得欲語還羞地搬出

類似什麼「經營理念」之類的大帽子。

【前言】

當別的公司上門來「求婚」希望雙方合併的時候，創業者所想的與投資者所想的有沒有差異？

購併的絆腳石是什麼？爲什麼這麼多的購併都談不攏，原因何在？

當經營者希望投資者提供幫忙時，投資者對哪些事應該義不容辭？哪些事又應該當面拒絕？

看來創投生活不過就是個爾詐我虞的虛僞人生罷了。

【故事主角】

要權科技：余總經理

當達利的祕書小姐愛麗絲拿著一堆資料走進傑夫辦公室時，傑夫正手持話筒，不曉得和哪位被投資者談著公事。傑夫抬眼看看愛麗絲，作個手勢請她先坐下；看來這通電話應該很快就會收線。不過愛麗絲想了想，還是在門外等一下吧，省得聽到不該聽的內容，尤其這些創投公司老闆處理的事情都與投資、金錢相關，少知道一點還是比較保險；這就是愛麗絲靈巧的地方了！所以她笑了一笑，便在傑夫辦公室外等候。

傑夫看看愛麗絲，心知肚明她的顧慮與周到，笑笑地招招手，表示這通電話的內容不必對愛麗絲避嫌；傑夫心裡想的是愛麗絲在達利這麼久了，什麼事情不知道？何必讓她在外面站著呢！何況「用人不疑，疑人不用」是傑夫多年的原則，所以完全不見外地請她進來等候。

「嗯，好，嗯。沒問題，余總。」愛麗絲聽傑夫一連應了幾聲「嗯」可是卻沒有說些什麼，推斷電話那端應該是「要權科技」的余總經理才是。愛麗絲當然知道達利是要權科技的大股東，也是董事，所以達利總會定期與余總經理通通電話。

依照達利的習慣，投資一個公司以後，每隔一、兩個月都會和所投資的公司見見面，至少也會來個電話會議談談公司近況、業務進展情形、碰到的瓶頸以及需要的幫忙；達利把這種定期溝通視爲一種「育成服務」。傑夫與畢修的想法是，投資一家公司以後就該像對待新生嬰兒一樣，在小孩達到「成人禮」之前，總需要提供必要的幫忙，這是投資者應該盡的責任。

不過讓愛麗絲感到奇怪的是，今天傑夫聽起電話來好像有些不太專心似的，不但將聽筒夾在肩膀上，還一邊要愛麗絲拿來需要他簽字的資料，就這麼邊簽字邊聽電話；雖然傑夫「一心兩用」早就爲大家所熟知，不過他與被投資公司談話一向都很專心的……嗯，看來這個電話講的事情應該不是這麼重要吧？既然不重要，說這麼久幹什麼呢？連愛麗絲都有些好奇了。

爾詐我虞：就是生意人手法

一直到簽完愛麗絲拿進來的所有文件，傑夫還是聽的多，說的少；只見傑夫邊抓抓頭，邊看看手錶，似乎有些不耐煩地說：「余總，你今天還有其他事情要談嗎？反正我們下禮拜不是有個定期討論會嗎？要不要到時候再仔細聊聊呢？最近景氣好轉，作生意要緊，就不要佔用你太多的時間吧！」

嘿，這就是生意人的慣用語法，認爲談話應該結束的時候，不會說：「不要佔用『我』的時間」；而是說：「不要佔用『你』太多時間」！想要表達的意思及所用的技巧已經不言而喻囉！對雙方而言，時間就是金錢嘛！照理說商場上人人都是一點就通的，余總聽到這句話應該就要寒暄兩句告辭才是，可是他卻還是不掛電話，說起話來開始有些支支吾吾的……

「呃，傑夫啊，我其實還有另外一件『小事』想請你幫幫忙呢……」

這也是生意人的手法！根據傑夫的經驗，**只要對方特別強調是「小事」的話，必然是「大事」**！尤其是說「小事情請務必幫忙的」，必然是難以處理的麻煩事情；所以對這種問題，傑夫向來不會爽快地回答：「好」，省得對方眞的提出許多強人所難的要求，到時候自己話出如風，想反悔都來不及。多年來，傑夫對這種口吻的標準回答都是：「放心吧，我絕對盡力而爲！」表面聽起來很積極、很願意幫忙，但是仔細一想，其實也可以解釋成傑夫根本沒有眞正地答應了什麼，不是嗎？盡力而爲？到底做到什麼程度才稱得上眞正的盡力而爲呢？話說回來，這也是情有可原的，創投人整天面對的都是錢、都是利害關係，哪這麼容易就被對方一句話給「check made」（將死）的呢！

傑夫聽余總電話說了大半天，直到現在才把眞正的目的講出來，在傑夫看來，這才是所謂的「樹林裏放風箏，七彎八繞」的「機車族」！因而無奈地向愛麗絲點點頭，做個莫奈何的表情；不過嘴上還是保持著笑意說：「余總，有什麼事請說吧，我盡力而爲。」

愛麗絲向傑夫點點頭，拿起簽好字的文件，順手帶上辦公室的門先離開了。

爾詐我虞：老江湖對話，任你解釋

余總經理一看已經順利開頭，倒也不想再浪費時間，馬上言歸正傳切入主題：「傑夫，我想請你提供一些建議，因爲最近有一家公司想跟我們談合併的可能性，所以我想請問你對合併這事情的看法如何？」

聽余經理問問題的方式就可以判斷他果然是個老江湖！余總所問的問題，表面看起來似乎很直接，其實卻是很模糊、很廣泛；這種「開放式」的問題是老江湖最常用的一種問話方式，問話的人問的很廣泛，這時候答話的人會依照自己心裡面的「認知」（perception）來闡述發問者所問的問題，然後再據以回答。因此只要被問的人一開始回答問題，就落入問話者的陷阱，問話者便可以輕易地推測出對方心裡的看法。

事實上，在《達利教戰守則》裡面，早就針對這種問話方式做了許多描述與訓練。所以余總經理以這種方式問問題，對於一般沒有經驗的創投菜鳥或許還管用；對傑夫這種同樣是在江湖上打滾多年的人來說，怎麼可能落入這句話的陷阱呢？

果然，傑夫淡淡一笑，心想：「這傢伙，我們合作那麼久了，自己的想法不先說出來，還想先套我的話。」不過心頭雖然這麼想，態度上還是不能輕慢，所以傑夫很實在地回應道：「余總，這問題要看由哪個角度來說了。公司是你們在經營，我們只是旁觀者，對實際狀況總沒有你們清楚；我看還是以你的意見為主才對的啦！」

這又是老江湖以退為進的應對策略！傑夫之所以這樣應對有幾個原因：

第一，創投老鳥本來就不會在第一時間、毛毛躁躁地將自己的意見告訴對方，必然是先問清楚對方的想法才有可能提供建議；如果連對方的想法和立場都還未搞清楚就貿貿然地表示自己的「高見」的話，輕者牛頭不對馬嘴，重者馬上砸了自己的招牌。所以《達利教戰守則》開宗明義便要求所有的AO必須先問問題，先弄清楚對方想問的到底是什麼，這才是重點！

第二，以創投的角度來看，最重要的是要能夠獲利了結，這才是最高指導原則；至於所投資公司是不是被購併並不是重點，哪樣可以賺比較多的錢，哪樣就是創投喜歡的方法。

第三，一般經營者對自己所設立的公司都視之如自己親生的小孩一般，有種割捨不得的感情；加上「購併」又是一個極爲敏感的話題，所以不可輕易表示意見，以免讓經營者以爲自己想搶著下車，一副提前落跑狀。

第四，「購併」牽涉到許多敏感、又難以啓齒的問題，例如價錢、購併以後的人事安排等等，這些都與經營者個人及團隊利害相關，當創投的人一方面難以體會，再方面也不宜過度參與，所以傑夫還是先搞清楚狀況，再考慮要不要給意見得好。

余總經理在經營者裡面也不是個「菜鳥」，一聽傑夫這麼回答，也不會輕易地把自己的想法說出來，反而解釋起來龍去脈，把意圖購併的對方如何進行第一類接觸、如何透過第三者表達購併的意願，以及雙方的互動過程等事描述了一番。

傑夫聽余總說了半天，繞來繞去就是沒有說出自己的看法與態度，心裡面馬上有個底了。看來余總對這個購併是有些心動，不然不値得勞師動眾地說了這麼一大堆；可是在余總心裡卻又有些說不出口的顧慮，不然早就把他們實際的想法說出來了，何必七彎八繞的呢？雖然傑夫聽出了一些苗頭，不過還是不動聲色地繼續與余總聊著。

老江湖碰到老江湖，這時候雙方比的就是「耐心」了！

余總心裡想的是，這個購併結果對達利這個大股東可是利害攸關，所以傑夫遲早會因爲忍不住而提出達利的想法，而他就是要先取得達利的想法才能判斷怎麼走下一步棋會比較有利；至少也要知道達利是不是和自己站在同一陣線。

至於傑夫呢，當然對余總經理打的算盤心知肚明，所以乾脆以破題法的方式跳出繞圈子的僵局。傑夫清清喉嚨，直截了當丟出另一個非常明確的問題：「余總，我想知道的是你個人或團隊的看法；尤其我關心的是合併之後誰當頭呢？你個人在新的合併公司裡會扮演什麼角色呢？」這個問題不但夠嗆，而且直搗核心，問的是最敏感、最難以面對、也是大家最不願意直接挑明講清楚的關鍵之一：誰當頭？

余總經理乾咳了兩、三聲，又遲疑了許久，這才吞吞吐吐地說了一句：「這問題只要對大家好，應該都可以談吧！」

都可以談？簡單的一句話，其實是有絃外之音的！傑夫心裡面馬上有了解讀：看來來談購併的對方還未表示合併後的公司要由誰來當頭；不過顯而易見的是余總經理當然不願意放棄這個當頭的機會。

傑夫這樣解讀是有道理的！如果余總經理決定放棄當頭的話，他的回答應該是諸如此類的答案：「對方財大氣粗，公司規模比我們大得多，經驗也比我們豐富，怎麼可能由我們當頭呢？」甚至會洩漏出一些無奈的味道；可是余總經理回答這個問題的時候，雖然內容平和，可是中氣十足、信心滿滿，說不定余總對合併後的公司的總經理職位還是志在必得呢！其實這也是人之常情，一般的創業者，哪會希望放棄自己辛辛苦苦才建立起來的舞臺呢？

爾詐我虞：以退爲進

「既然達利是我們的大股東，又是董事，你們從董事的角度對這件事的看法又是如何？」余總經理反問傑夫。

傑夫想了想，輕描淡寫地說：「余總，這個公司是你們的耶，我們只是投資者哪！你公司經營得好，我們錦上添花爲你鼓鼓掌、聲援一下、吆喝一聲；公司經營不好的時候，我們雪中送炭扶你一把。可是追根究底，這個舞臺終究是你們的，所以你的想法比較重要！」傑夫停頓了一下，又強調一次：「這個舞臺是你們的耶！」好一個以退爲進！

「舞臺是我們的？」余總一下子沒能會意，「這跟舞臺有什麼關係？」

「是啊！就拿游泳比賽來比喻吧，經營團隊就像是在水中游泳的選手，而我們這些投資者只是在岸邊觀看的人，充其量不過當個兼課的教練吧，最後下水比賽的還是你嘛！既然舞臺是你們的，不是我們的，所以你的看法比較重要，我們的看法當然是其次囉！」傑夫以極爲輕鬆的語調將燙手山芋丟回給余總經理。

一聽這話，余總經理不知道從何說起，電話線的兩端出現了一陣子的沉默。

爾詐我虞：請你當馬前卒！

傑夫想想，還是給余總一些客觀的建議，善盡提醒之責來得好，所以繼續開口道：「余總，你們是否討論過合併之後誰當頭？經營團隊怎樣安排？對了，你記不記得前陣子通訊公司A和B合併的案例，這兩家公司合併之後，短短時間內就因爲文化的差異搞得人才大量出走，走的人一肚子怨氣，留下的人也是辛苦得很。你看，A公司本來希望一加一大於二的，結果反而因爲合併延誤了上市上櫃的時程。他山之石可以攻錯，余總，我想或許你可以與對方談談如何避免步上A公司的後塵才是。在這件事情上，你們有沒有討論過呢？」

「呃……這個……我……」這樣支支吾吾的口氣很明顯的就是「不但沒談過，甚至壓根兒也沒想到要談這個問題。」

過了半晌，余總終於開口了……「傑夫，你答應要盡力幫忙的，對不對？」

「哦？你有什麼需要我幫忙的嗎？」

哎，余總經理周旋了半天等的就是這句話！只聽電話那頭余總的聲音突然激昂起來，「傑夫，既然你說能盡力幫忙，能不能請你幫我去問問對方，探探他們如何安排合併後的事，以及合併的條件又是怎麼樣……或是你能不能代表我們跟對方談判呢？你知道，我只是個懂技術的工程師，對於這種事的談判，我很不在行。」余總這招「先肯定對方再否定己方」的招式對一般人很管用，但傑夫對這種招式向來就有免疫力。

傑夫一聽，哈哈笑了兩聲，忍不住調侃：「原來你想找我當馬前卒啊！」

「哎呀，哪敢說什麼馬前卒！你談判的經驗豐富，我們需要你的指導嘛！況且這個時候我實在不方便出面啊！而且對方你們也熟悉嘛！」余總經理適時輕鬆地送出一頂高帽子。

不過傑夫可不會因爲余總捧一句話就昏了頭。說到合併，傑夫經驗豐富得很！經驗告訴他，購併過程中最難的、最吃力不討好的就是談判代表，因爲合併的雙方在期望上難免都會出現落差，談判代表必須居中協調，一旦參與之後便很難脫身了。說起購併，談購併的雙方往往人多嘴雜，意見很難一致，再加上很多人表面說一套，心裡想的往往又是另外一套（hidden agenda），所以在雙方談購併的時候，最好是雙方直接談，其他人千萬不要想居中協調，否則必然是吃力不討好。

所以傑夫輕描淡寫地推辭：「余總，剛剛我已經說過了，公司的舞臺是你的，我們只是敲敲邊鼓的旁觀者罷了，你還是自己去談合併的事比較好，尤其是未來的安排和拿捏取捨，我總不好幫你答應吧！萬一答應之後，你認爲我答應的條件不好而反悔，或者反過來責怪我，到時候我不就裡外不是人了嗎？此事還是請您親自出馬，我可不敢妄自尊大。」

余總經理當然不可能這樣就放棄了，他打著哈哈又不失謙卑地說：「嘿，你說的是哪的話？您客氣了！誰不知道達利經驗豐富，對談判的裁決和拿捏是大家有目共睹的，只要你認爲合適，我們當然不會有什麼意見的。」

眞的不會有意見嗎？才不信呢！雖然余總經理場面話說得漂亮，可是傑夫依然不爲所動……「哎呀，余總，舞臺是你的，你們還是自己出面吧！就像游泳，你自己下水摸摸池水才知道水是溫是冷，透過旁觀者去試探總是不對的。此事我愛莫能助，得罪，得罪！再說，你也知道這件事情的主要關鍵就是你和對方的團隊願不願意大家合在一起；倘若你願意的話，我們再以投資者的身分提供一些意見，研商如何保護大家的權益，看到底是合併好呢？還是自己走出一條路好？總之在這件事情上，你們是主動，我們應該是被動的才對。」傑夫三言兩語又把球丟還給余總經理。

爾詐我虞：千萬不要強出頭

正當傑夫和余總一來一往踢著皮球時，畢修正好帶著查爾斯推開傑夫辦公室的門，想要在出發「掃街」前和傑夫討論一些重要的事情；兩人進來的時候正好聽到傑夫對余總說的這幾句話。等傑夫掛了電話，畢修連忙問傑夫是怎麼一回事；傑夫便一五一十地將方才的事描述了一番。

查爾斯聽了後很好奇地問：「你爲什麼不幫他們這個忙呢？雖然可能會裡外不是人，可是這牽涉到我們自己的利益，而且我們主導才可以有眞正的影響力呀！傑夫你要不要再考慮一下？」

傑夫搖搖頭，「這件事情其實非常複雜，最主要的是我們雙方的立場與關心的重點並不相同。

第一，我們是投資者，我們所關心的是**我們的獲利情形；可是經營者所關心的卻是自己的舞臺問題**！這兩個南轅北轍，根本是不同的兩件事情。

第二，在立場方面，我們所在意的是合併如何換股計價，是否可以馬上 cash out（換現，獲利了結）；可是經營者在意的卻是合併以後兩個團隊怎麼合作。換言之，我們所關心的是現在獲利呢？還是以後獲利？可是經營者在乎的卻是合併以後公司如何運作。

所以我認爲我們出面根本不對，何必自討苦吃呢？除了舞臺的考慮，價格更重要；而且兩邊都不是一個人說了算，我們卡在中間根本就吃力不討好。我們在中間，必須去向他們 propose，我們不管的話，反而他們要過來向我們 propose。」

沒想到畢修也接著搖搖頭，笑著對傑夫說：「你考慮的絕不只這個吧？」

「哦？何以見得？」傑夫挑眉問，存心考畢修似的。

爾詐我虞：圖窮匕見，購併絆腳石

畢修再笑了笑，不回答傑夫的問題，反而轉向查爾斯問道：「看你最近功力大增，讓我考你一下！萬一他們兩邊『搓圓仔湯』，談的條件對他們有利，可是對我們股東不利的話，我們如何能奈何得了他們？你有沒有什麼對策呢？」

查爾斯想了好一陣子，只見他肯定地搖搖頭：「第一，我相信這種可能性不大；再則即使他們眞的這樣做，雖然我們退居後面，但是達利還是可以聯合其他投資者提出牽制，讓這個購併破局；再說吧，他們這些創業者遲早還是需要創投的錢，所以我猜測他們不可能、也不敢眞正得罪我們。我說的對不對？」

傑夫與畢修對查爾斯的回答甚爲滿意，連連點頭表示嘉許。查爾斯見狀，欣喜溢於言表，趁機提出一個具挑戰性的問題：「照傑夫剛剛所說的，難道主要的問題就是出在舞臺的顧慮嗎？應該另外有些其他原因吧？難道經營團隊裡面就不會有人跟我們一樣，不想繼續辛苦下去，乾脆獲利了結算了？我記得你們說過美國很多的購併案例都是因爲經營者不想繼續辛苦經營下去，所以乾脆把公司賣掉，拿一大筆錢後來個『中年退休』，過著逍遙自在的生活。你們看『要權科技』的這些人會不會也這樣想呢？」

傑夫連連點頭，「我相信不但有這個可能，甚至還很可能呢！經營團隊搞不好比我們還想要獲利了結呢！不過……」

「不過什麼？」查爾斯追問。

「你要不要自己再想想看呢？」

查爾斯一聽這話，臉色轉爲凝重地專心思考起來，他知道每次老闆問這種問題的時候，不管答的對或不對都是一個很好的互動、成長的機會，這種機會當然不可輕易放過。想了好一陣子，查爾斯有些遲疑地說：「是不是價錢會談不攏？」

「答的好！可是爲什麼會談不攏呢？」

「我能想到的有兩個原因：**一、價錢談不攏。二、舞臺的衝突**。對方到現在因爲只有老闆出面，其他團隊成員及股東們怎麼想，我們也還不知道；目前只有余總在嚷嚷，其他人呢？至於第二個原因是合併後才會發生，是技術上的問題。我認爲現階段來看，價錢才是最大問題。」查爾斯說完後遲疑了一下，又試探性地補了一句話：「是不是因爲賣方太貪心？還是因爲買方想要撿便宜，殺價殺得離譜？」

「賣方貪心嘛……可能是，也可能不是！買方殺價離譜嘛……也可能是，可能不是！」傑夫最喜歡這樣回答，表面看來有些模稜兩可，不過其中必有原因；查爾斯想了許久實在想不透其中的道理，還是請傑夫明說。

傑夫耐著性子爲查爾斯解釋道：「所謂貪心是明明知道自己『不應該得到』，可是還想要得到；可是我看要權科技的人卻是認爲自己『應該得到』，所以這就不算是貪心吧！對於買方而言，這次雖然我沒有與他們直接打交道，但是這也是一家大公司，之前我與這公司的總經理也打過幾次交道，照理說他也不會殺價殺得離譜才是。」

「既然如此，爲什麼會談不成呢？還有什麼原因嗎？」查爾斯愈聽愈糊塗了，開始搔起頭，連開口發問都不知道怎麼問起。

傑夫今天的心情似乎不錯，竟然耐心十足地主動解釋：「主要問題出在賣方以『**未來想像空間**』爲計價基礎，可是買方卻是以『**過去獲利**』爲計算基礎，這兩個數字差異太大，所以兩邊的價錢談不攏。」

「未來想像空間？過去獲利？」查爾斯好像聽出中間的一些差異，但又不完全了解眞正的意涵。

傑夫繼續解釋：「要權科技的人認爲自己明年才是業績眞正要有表現的最佳時機，他們過去兩年所投資的新產品都將在今年底推出，所以理所當然明年的業績是今年的三級跳，所以公司被購併的價錢應該以明年的預估ＥＰＳ（earning per share，每股獲利能力）來計算才對！

可是以買方而言，他之所以想要購併要權科技，看的是要權過去的表現，對於要權將在今年底推出的產品可能根本不知道，何況明年的新產品會不會眞的如期推出？即使推出了，會不會就順利地熱賣呢？這些都有許多的不確定性，所以只能用今年的ＥＰＳ爲計算基礎，因爲今年的ＥＰＳ才是實際的數字，最多因爲明年可能的成長再加一些籌碼吧？！

不管如何，對買方而言，絕不可能用『未來的想像空間』做爲計價基礎的！這就是我所謂的『未來想像空間』與『過去獲利』的差異所在。」

查爾斯聽完恍然大悟：「所以你認爲公司購併的主要絆腳石有兩個，一個是『舞臺』問題，一個是『計價基礎差異』的認知問題，對不對？」

傑夫笑笑，不置可否，或許這就是他所想的吧？誰知道呢！

過了許久，查爾斯突然滿臉疑惑地問傑夫：「既然是談錢，爲什麼不直接討論、面對面來談呢？遮遮掩掩的多累？」

畢修在旁邊別了查爾斯一個白眼，「還虧你作創投好幾年了咧！這種人性都不懂，我看你要回去唸幼稚園重來了！『錢』耶！只要牽涉到錢，大家就會扭扭捏捏的，想要但又不好意思由自己直說，這是人性嘛！」

「可是他們心裡最計較的還是錢啊，幹嘛不明說？繞來繞去的，多累人？」

傑夫笑著解釋：「這你就有所不知了，『錢』好談，『價值』難言。你談的是錢，他談的是價值，這兩個怎麼會一樣呢？而且人就是這樣，一方面對錢錙銖必較，可是一方面又得搬出類似什麼『經營理念』之類的大帽子，欲語還羞，所以才有這麼多麻煩事情嘛！」

「那我們爲什麼不主動撮合？幫他們定個價錢，可就行；不可兩散。省得遷延這麼久？」查爾斯好心地建議。

這會兒連傑夫都聽不下去了：「噯，我們怎麼定價錢？我們都想賣得愈高愈好，何必自己定價錢？況且不論是定高或定低結果都會挨罵，何苦呢？」

查爾斯嘆了口氣：「爾詐我虞的這麼虛僞，創投生活眞是沒勁。」

傑夫與畢修聽了都楞了一下，這小子今天是怎麼一回事？年輕人體會不清，創投生活本來就是處理錢的事情，一牽涉到錢，哪能不爾詐我虞，虛虛僞僞的呢？這有什麼好感嘆的呢！眞是的。

3

狡詐路

鉤心鬥角的創投業

這個行業裡面只要牽涉到錢，那就誰也不相信誰，

不管你聽到什麼、作了什麼事情，

都要花許多時間去想人家的目的何在、怎麼保護自己的權益……

創投的關係都是建築在錢上面，

爾虞我詐，鉤心鬥角似乎成了他們的本能了！

【前言】

當所有人都認爲公司需要轉型、經營團隊需要幫忙，甚至重組的時候，獨獨經營團隊深不以爲然，這時候應該佩服經營團隊堅持的毅力呢？還是說他們執迷不悟？

碰到這種「雞同鴨講」的經營者，連創投老鳥也是束手無策，莫可奈何。問題是這種人還很多耶，加上股東各有各的主意，這就更難纏了。

當你每天面對的諜對諜都是你的同業高手的時候，如何察覺他們精心佈局的陷阱？如何反將一軍？每個動作都是大意不得呀……

【故事主角】

迷惘科技總經理虞財夫婦、股東愛絲

正在過濾 E-mail 的傑夫聽到輕輕的敲門聲，抬起頭來看看是誰，只見畢修故意放慢腳步走向他，嘴角還露出幾分神祕的笑容……

「等等！會是什麼事情讓你這麼 High？讓我猜猜看！」傑夫搖搖手示意畢修不要解釋，因爲畢修的神情讓他好奇心大起，忍不住想猜猜畢修葫蘆裡賣什麼藥……無奈傑夫一猜再猜，畢修只是一逕地搖頭，而且笑容愈來愈神祕。

「有什麼事可以讓你樂成這樣……」傑夫皺起眉頭，百思不解。畢修故意將視線調向傑夫前些日子寫在白板上的摘要，傑夫一點就通，恍然大悟地喊：「是找到『TARF』（重整基金，turn around and rescue fund）的案例了？」

TARF案例？原來畢修與傑夫計劃要做TARF已經有三個多月的時間了，至今卻尚無著落。

「是呀，哈哈！終於有一個可以試試身手的TARF案例主動上門了！」接著，畢修將方才和迷惘科技的股東——某創投的當家AO——愛絲在電話中的對話轉述一番，傑夫一副難以相信的表情，因爲聽起來並不是畢修開的口，而是愛絲主動要求達利幫忙主導迷惘科技的轉型工作，這怎麼可能呢？

畢修得意地補充：「這實在是一個很好的案例！因爲愛絲不僅是迷惘科技現有的股東，還是董事之一，據她所提的，從迷惘科技過去幾年的經營以及現在面臨的困難看來，迷惘科技不只需要錢，甚至整個管理團隊、生意型態、技術提昇、策略夥伴的引進等等都需要進行大規模的改變……」畢修頓了頓，繼而又加強語氣說道：「愛絲自己都認爲既然達利有心想要主導『重整基金』（TARF）類型的案例，迷惘科技是最好的對象了！照我看來，如果達利可以成功地處理這個案例的話，可說是一舉數得：

第一，可以藉這個案例展現達利的實力與價值，讓其他公司知道我們是怎樣提供實質幫助的；等到達利的名聲傳播出去以後，未來案源就會源源不斷囉！

第二，可以建立達利與別家創投共同合作的案例，以後大家更好合作了。

第三，其實最重要的是再不找一些事來做，我們在達利快沒價值了；現在手頭上可以做的事，根本塡不滿時間。

你說是不是？」畢修顯得有點興奮，而且一邊在心中回想一個月前與愛絲在某個場合裡，閒聊談到達利因爲找不到好的投資案而計劃轉型來做TARF，沒想到愛絲那麼快就有了回應，心中不免對愛絲還懷有感謝之意。

傑夫想想畢修說的也有道理。達利最近發現「海歸派」的投資案問題太多，實在不適合投資；BBQ類型的案子又很難找尋；景氣不好，只剩下TARF是唯一還可以著力的重點。可是最近爲了找合適的TARF案件著實花了許多精神與時間，三個多月都快要過去了，尚未找到適合的案例可以開張大吉；這下得來全不費工夫，怪不得畢修要這麼高興了。

投資產業的「質變」

事實上，自從達利掃街掃出個名堂以後，近年來的投資策略有了顯著的改變，原因在於近年來全球經濟成長緩慢似乎已成定局，加上許多不確定因素的影響，近兩年來高科技新創公司（start-ups）想要在美國上市、上櫃幾乎是難如登天；比較起來，臺灣高科技公司的上市機會雖然比美國好了一些，可是很多公司即使上市、上櫃了，在股票市場上也是無價、無量，回收無門；再看大陸科技公司的發展，雖然大家在口頭上還說可以樂觀地期待，可是大陸的法律環境、資本市場的限制都讓投資回收增添許多不確定因素，因而眞正敢在大陸放膽投資的也是屈指可數，一般的創投對到大陸投資一事也都只停留在口惠階段；加上國際上其他地區似乎也都是一片悲觀……總之，現在可說是創投業最艱困的時候，整個創投業的處境有點像舞臺劇《悲慘歲月》的描述一般！

而根據達利的分析，最近創投同業的投資策略有幾個新的方向：

第一，很多創投同業都情願保留現金或是將資金轉向進入債券市場，也不願輕易投資；創投同業多數認爲現在投資的策略應該是「潛龍勿用」、「不投不錯」，暫時進入休養生息的階段。

第二，然而又有一些創投根據投資環境的變化以及潛在機會的時機做更仔細的分析後，明確地感覺到現在是創投業轉型的好機會！這些樂觀的創投同業根據的理由是：

甲、現在的投資成本遠比過去低廉。

乙、創業者的心態也都變得非常「務實」。

丙、加上支撐不住的新創公司逐漸退出市場，剩下來的高科技初創公司多多少少都找到一些生存的「撇步」，只要兩年內不陣亡，就很有機會大發……

第三，至於傑夫與畢修則是認爲現在局勢不好，創投業必須另外找尋可發揮的空間。過去傳統的投資策略與作法已經行不通；想要掌握「新機會」的創投業必須採行全新的策略才行！根據達利的分析，新作法包括：

甲、新興的創投基金方向應該會走向三類主流：「TARF」（重整基金）、「Buy Out Fund」（買斷基金）以及「Relocation Fund」（再轉進基金）等等。

乙、各個創投之間也會被逼得不再彼此競爭；相反的，因爲未來環境變化更大，所以創投與創投之間應該會由相互競爭改爲互相合作的態勢，甚至會把自己手上現有投資組合裡面「踢鐵板」的案件拿出來與其他創投同業一起合作，重新整理後再出發（turn around）。

基於好一陣子的實際接觸與觀察、分析，傑夫與畢修很清楚，**傳統的創投玩完了**，現在**只有這種「再出發」的投資機會才是值得創投業著力之所在**，因此TARF便成了達利這一年來注意的焦點。

狡詐創投心，海底針？

「是『愛死』提出來的啊？」沒想到傑夫聽到愛絲的名字以後竟然露出若有所思的表情，完全不是畢修預期中的高興反應……

畢修有些納悶，傑夫到底是怎麼一回事？「人家『愛絲』這麼美麗的的名字怎麼讓你叫起來發音像是『愛死』，多難聽的語氣！……怎麼，你對這位愛絲姑娘好像有所顧慮似的？」畢修半開玩笑地問。

「哈哈，知我者畢修也！」傑夫打了兩聲哈哈，然後正色地分析：「我的確有些顧慮，並不是因爲這個案子不好，而是我對愛絲的作風早已久仰大名。聽說創投界自從某位金釵沉潛以後，便是由這位愛絲姑娘取代『創投四大金釵』之一，她不但有自己的見解，而且擅於察言觀色；據我所知，她不只會聽人講話，也很能猜測別人的心思，專挑別人喜歡的話說，然後從中找到對自己有利的空子……有人告訴過我這位愛絲小姐是個非常精明的人！雖然說與這種能力高強的對手打交道是我們求之不得的，可是我與她還沒有熟到這種程度，而且這是我們第一次與這種高手短兵相接地打交道，一談到利益，我總是會擔心會有衝突的地方，所以難免有些小人之心囉！對了，我想不通的是要怎麼才能作到『共榮共利』呢？她有沒有告訴你在這整個合作過程中，她要的是什麼？她會不會另有什麼打算沒有說出口？」

「愛絲在創投界打滾那麼多年，跟我講話一向也是三虛一實的，絕對不要期望她會是什麼善類；但你也未免說得太誇張一點了吧，什麼短兵相接？一副打仗相，我們是在談合作耶，反正我也是『英英美黛子』（閩南語諧音：閒閒沒代誌），這幾天在辦公室裡KLKK（閩南語諧音，走來走去，沒事做的樣子），倒不如出去找個案子看看也好。……慢著，難不成你是暗示愛絲找我們做這個案子會有什麼 hidden agenda（暗中盤算）？」畢修有些驚訝地問。

傑夫回答：「我與這位愛絲姑娘不如你熟悉，這就不敢亂說了；不過創投界裏人才濟濟，哪個人心中沒有自己的一套如意算盤呢？這個行業不就是因爲大家各懷鬼胎所以才樂趣無窮，挑戰無限的嗎？」

畢修搖搖頭說：「既然這是人之常情，而且我們也 nothing to lose，你還擔心什麼呢？」

「我不是擔心，而是有興趣瞭解！就是因爲她一定會有其他的企圖，所以我才會有興趣想知道嘛！」傑夫慢慢地解釋。

畢修建議：「好罷，我們就來個『將心比心』，幫愛絲姑娘列出她可能面對的問題以及心裡打的是怎樣的如意算盤吧？」

這樣一提議後，兩人便開始用左手打右手——源自金庸武俠小說筆下的人物老頑童周伯通——的方法演練起來：一個人提案，一個人攻擊；然後換手。繼續了幾個輪迴，到了半夜十一點多，兩個人已經疲累不堪，不過到底整理出一點頭緒來了，白板上 hidden agenda 的字眼底下也出現了幾行字，看來這就是在達利眼中愛絲姑娘的 hidden agenda 囉……

問題一、愛絲爲什麼不自己做TARF案例呢？公司的經營已經出現問題，她是現有股東，加上又是董事，照理說這種 turn around 的案子，她應該盡自己的能力去改變和幫助被投資的公司，爲什麼愛絲反而找不是股東的達利來幫忙呢？

甲、她想做而做不來。

乙、她根本不想做。

丙、她想做；但經營團隊不願意，因而叫我們去當她的前導掃雷隊。

丁、或者其實她已經在做了，而引達利進去投資就是她在執行TARF計劃的其中一環。

問題二、愛絲何必自曝其短？依照創投界的慣例，當自己投資的案例發展不太好，一般人都不願意（也沒有這個膽量和興趣）找別家創投合作，因爲何必主動告訴別人：「敝公司投資上踢到了鐵板呢？」

問題三、這是愛絲姑娘一個人的意思？還是公司的意思？她來找我們，公司知不知道？

傑夫與畢修互相看看白板上的註解，彼此討論著。畢修說：「嗯，從愛絲的態度來看，我猜想她應該是**想做而做不來**！你也知道，做TARF這樣的案子必須有幾個條件：

首先，所有參與的人必須有hands on（實際參與）的經驗，只有實質上經營過企業才能判斷人才或各種決策上的好壞與對錯；愛絲在這方面可能經驗還不夠，所以想四兩撥千金，藉我們之力來幫助她。

其次，要做成「重整」的案例，必須有公司的資源；因爲這些公司需要一些業務和R&D的幫忙，以幫助這些公司突破困境；而據我所知，愛絲所在的創投只是一個單純提供金錢來投資的純創投，而且他們與其他的公司之間並沒有什麼特殊關係存在。也就是說，今天就算愛絲想使用這些資源幫助迷惘科技，也不容易找到可用的資源。

第三，愛絲不想當惡人，所以找我們出面當惡人！」

「嗯……」傑夫聽後搖搖頭，「既然我的角色必須唱反調，那我就大膽猜測愛絲根本不想做這個案子！」

「爲什麼？別硬ㄠ！我賭你這次反派角色可能演不下去囉！告訴你吧……」畢修輕拍傑夫的手臂後繼續解釋：「愛絲在這家創投的資歷應該不到一年吧，迷惘科技這個案例也不是她做的。照理說，一般的創投業者跳槽到一家公司後，就以愛絲來說，倘若發現新公司的投資組合（portfolio companies）裡面有不好的『踢鐵板』案例，就算還有救，責任再怎麼說也還歸不到她身上，反正最壞不過如此嘛！但如果她能挽救的話，功勞可就大了；萬一救不了，兩手一攤，也不是她的責任，因爲這個案子當初根本不是她投資的。依我看，救一個前任AO投資的案例是屬於『Nothing to lose, everything is gain.』的作法，所以愛絲爲什麼不做呢？愛絲這麼玲瓏剔透善用局勢的一個人，怎麼會想不通當中的道理呢？我敢打賭，她-必-定-想-做！」畢修的語氣斬釘截鐵。

「嗯……」傑夫皺起眉頭思索了好一會後決定放棄爭論，「哎，女人心海底針；加上創投人心絲縝密難以猜測，我們還是儘早去實地看看，等親自伸手驗證過後就知道到底是不是火坑了！」

好一個荒郊野外的「世外桃源」

經過安排，兩天後傑夫和畢修立即展開「驗證」的行動。這次拜訪迷惘科技，兩人還事先請愛絲姑娘不要同行；愛絲當然有些不悅，但也沒說什麼就是。

這天，兩人搭著車，一路來到迷惘科技坐落在新竹鄉下的辦公室。隨著距離的接近，畢修和傑夫的臉色愈來愈怪異。

「奇怪！一般的高科技公司怎麼會選在這種荒郊野外？似乎不太合高科技公司的條件吧！噯，小劉呀，你事先查過地址吧？」傑夫忍不住嘀咕，再請教了一下司機先生小劉。

說的也是！這裡離新竹市區和園區都有一段不算短的距離，而且路途中彎彎曲曲經過幾條小路，雖然附近的風景是「綠樹村邊合，青山郭外斜」，但是聯外道路卻經常塞車；迷惘科技怎麼會選擇在這種地方設立公司呢？

司機小劉回答：「我打過兩次電話，這是他們告訴我的地址與走的方向，還傳眞路線圖給我，不會錯的！」說的倒也篤定。其實達利內部規定，出外時如果是由司機開車，必須事先問清楚路線圖；如果到時候因爲走錯路而延誤時間，每次要罰司機一千元。對司機來說這可說是茲事體大，總不能跟錢過不去吧，當然事先得將路線問得清清楚楚。

雖然路線沒錯，畢修和傑夫的眉頭已經不約而同地深深皺起，互相看了一眼，雖然都沒說話，不過心裡想的都是一樣的問題：「這種荒郊野外，誰願意來這裡上班？」

誰願意來這裡上班！對科技公司而言，這可是很關鍵的問題呢！要改變或重新整頓一家公司，首先想到的就是人才的來源，而依據迷惘科技的所在地來看，交通實在很不方便，難免讓人擔心有多少好的人才願意來這裡上班呢？

「不知當時迷惘科技選擇在這裡落腳的考量是什麼？是作業員容易找？還是因爲用股東的土地蓋廠房，所以只好遷就股東土地的所在？這兩個可能的原因，若是前者，那表示經營者的判斷能力有問題；若是後者，那經營者個人的操守可得要好好細究一番了。」畢修百思不得其解；他再看看傑夫，後者也沉著一張臉。唉，還沒到迷惘科技拜訪，兩人已經開始有些頭疼了。

有這麼嚴重嗎？事實上，不少初創公司在設立公司時，往往因爲是自己創業而忽略了找其他經營團隊的困難性；這在公司初設時期還可以理解，可是對TARF案例而言，一個公司倘若要改變，就得找外面的經營人才一起參與，這時候公司的地點以及上班的方便性就是關鍵因素了；如果這些經理階層的人不願意來，或是只願意待個短期的話，這個公司哪能「再出發」呢？

創投的「望、聞、問、切」

繞來繞去，終於來到迷惘科技的辦公室。當總經理和副總經理出現，雙方交換過名片後，畢修和傑夫又是一陣錯愕……怎麼副總經理所冠的夫姓與總經理的姓氏相同？連研發副總的姓氏也相同……唔，難不成迷惘科技的經營團隊還是夫妻檔加上兄弟檔哩？

一問之下，果真是這麼一回事！畢修頓時恍然大悟，想起之前愛絲曾經提過迷惘科技是「家族企業」，主要幹部都是自家人。當時畢修以爲所謂的家族企業是指迷惘科技大部分的所有權都掌握在一個家族手裡；沒想到原來公司的經營團隊是夫妻檔，連重要的研發主管都是總經理的兄弟！哇，這一來，可不知道這倒底是好事還是壞事了？

一般來看，家族企業的優點是向心力強，遇到大事情的時候比較容易取得共識，也不會有太多的爭執；不過優點也是缺點，如果家族企業把公司視爲自己的禁臠，或是兄弟、夫妻之間有些嫌隙的話，那外人就想幫忙也很難插上手了。

唉，迷惘科技除了地方偏遠以外，又出現第二個讓人頭疼的負面因素。傑夫和畢修雖然不動聲色，心底卻都泛起一些不安和懷疑……畢修的臉上甚至露出了一絲失望的表情。

對畢修和傑夫來說，不管是進行「再出發」的TARF個案還是一般創投案件，在《達利敎戰守則》裡面都提醒所有的AO應該由兩個最重要的程序開始：

第一，是 Interviewing（面談討論）階段，用討論的方式來了解事件全貌。這個階段最重要的就是要「會問問題」，尤其是會問關鍵性的問題；藉著問題的詢問與討論，創投業者就能得知對方的大概狀況和值不值得繼續花時間做下去；另外還必須在問問題的討論當中弄清楚對方願不願意讓外人參與？如果願意的話，希望外人參與到什麼程度？而這許多關鍵問題都必須在一、兩次的談話之中問出個所以然。

第二，接下來的工作是 Counseling 階段（顧問諮詢），在這個階段裡面，創投AO必須針對許多經營關鍵事項提出各種可能性以及建議與經營者討論。這階段所提出來的一些建議不必太成熟，也不是眞的想要勸對方接受這些建議；其實這些建議的作用就像雷達發送電波一樣，是創投AO用來偵測對方想法的主要工具！事實上，創投業者就是透過各種建議與諮詢，送出許多不同的雷達電波來偵測對方的眞正意圖與觀察對方反應的；老經驗的創投業者甚至利用這個階段的對話贏取對方的一些信任與尊敬。

在 Interviewing 與 Counseling 這兩個過程中，最重要的是必須不露痕跡地、不斷地用很多問題來問出「經營者心中所想」與「對公司、對投資者以及對其他重要關鍵因素的未來期望是什麼」，有經驗的AO還可以透過這個過程來瞭解「經營者到底有沒有什麼 hidden agenda」，以及「對方眞正的目的是什麼」等等。

達利爲了訓練每位AO與人討論面談與提供建議的能力，都會特別加強新進人員問問題的課程；訓練久了，達利的每位ＡＯ都很會用聊天的方式來問問題，往往一聊就是兩個小時而且常常還欲罷不能……

所以囉，傑夫和畢修既然來到迷惘科技，總是要聊個過癮問個明白才行！所以兩人在虞財總經理夫婦以及負責研發的副總經理兄弟的簡介當中不斷地問了許多問題。表面看來，畢修和傑夫似乎氣定神閒地問著各式各樣的問題，而對面的迷惘科技經營團隊三人卻似乎比較緊張且小心翼翼地回答每個問題；實際上，傑夫與畢修的心裡比對方更爲緊張，甚至稱之戰戰兢兢都不爲過！這是有原因的，因爲ＴＡＲＦ的案例與一般的投資案有很大的不同：

第一，基本上，當創投去拜訪一個新公司的時候，爭取的只是投資機會，雖然會要求看一些經營數字、財務報表，但是並不會想要對該公司進行什麼大動作的改變；所以一般投資的拜訪可以只是爲了攀攀交情，甚至於爲了「熱臉貼冷屁股」而來（見《流氓創投》，商智出版社）。可是ＴＡＲＦ所拜訪的公司就不同了，要進行「再出發」的公司都是現在經營上面臨壓力的公司，要嘛就是業績的壓力，要不就是資金的壓力或人才僱用的壓力，甚至應該說是所有壓力俱全！所以在問問題的時候拿捏之間比較困難，因爲既要問到關鍵處，又不能讓經營團隊感到尷尬或是敵意。

第二，加上這些面臨經營壓力的公司經營團隊往往會有很強烈的自我保護心態，所以不會一見面馬上就告訴訪客自己的公司存在什麼問題，許多經營團隊會對創投業者所問的問題顧左右而言他，甚至會因爲深怕你知道他的問題後就嚇到了，因而決定不再考慮投資，所以會告訴你一些錯誤的消息以美化包裝他們目前所碰到的困境！這時候投資者就必須扮演醫生的角色，施展「望、聞、問、切」的本領，不但要「望」，觀察對方的神色表情；還要能「聞」，會聽對方講的話背後的眞正意涵；更必須會「問」，問許多問題；然後還要會「切」，必須切身提出意見，看對方的反應。

第三，針對TARF的案件所提出的建議必定會對案例公司採取許多大的變革，例如：減資，或是改變經營團隊的組成，甚至會建議經營團隊放棄一些緩不濟急的事業，這些都牽涉到感情、關係、利益，甚至於公司內派系的平衡等等，這種動筋動骨的改變會產生許多的衝突與壓力，這與一般投資案完全不同。所以一般投資案還可以來個幾次的拜訪，甚至於多多益善；可是TARF案件最多只能夠來個兩次，不超過三次，因爲一旦對方現有經營團隊瞭解到達利的企圖心原來並不只是投資，還會要求該公司做許多結構性改變的時候，經營團隊就不太願意繼續回答問題了；即使不得不回答的時候，所有的答案都裹上一層糖衣或是包了一層保護色，到時候就難以問出什麼來了！

第四，最難的挑戰是還得兼任「推銷員」，自我推銷。根據達利的經驗，TARF案例裡面新的投資者都不得不參與公司的日常經營才能眞正地發揮作用。所以傑夫與畢修也要在討論與問問題的過程中藉著問「對的問題」以及提出「創新、有意義的建議」來間接地、隱隱約約地、看似無心卻又有意地把達利與兩個人的經驗和價值「賣」給對方才行！如果無法顯現價值，就不可能得到經營團隊的支持，也不容易取得現有投資者的支持，這樣更不可能進行改變與再出發了。

第五，通常這些ＴＡＲＦ的對象都是面臨公司經營的困境，甚至已經危在旦夕；就像人類面對死亡一樣，這些公司的經營者在面對公司的經營危機時，心理的轉折也必然經過一段煎熬的過程。人類在面對死亡的時候，個人自己的心裡面會經過五個階段，即 denial（拒絕）、anger（忿怒）、bargaining（討價還價）、depression（沮喪）和 acceptance（接受）（註：這是心理學家羅絲〔Elisabeth Kübler Ross〕在她的《論死亡與臨終》〔*On Death and Dying*〕一書中所提出的論點，該研究係供醫學上處理絕症病患參考）。在傑夫與畢修的經驗裡，兩人碰到這類面臨經營危機的公司負責人通常會經過這五道心理過程，首先他們會拒絕承認；接下來一段時間他們會顯得浮躁不安，容易生氣；下一階段他們會嘗試取得外界的奧援，但又不願放棄自己對公司的主導權；再來呢，他們會怨天尤人，怪命不好，或者責怪別人出賣他們；最後，在不得不的時刻，他們只好接受別人所開出——他認爲是「喪權辱國」——的條件；甚至於到最後還不死心，不願面對現實，導致公司終於在現金週轉不靈的情形下跳票而宣佈倒閉。ＴＡＲＦ案例的公司最後能不能得救，端看經營者能不能面對現實，能不能在心理上以最快的速度從 denial 的階段一路過渡到 acceptance 的階段；這有點像「毒蛇理論」，當一個人在荒郊野外被毒蛇咬到手指時，一開始他有機會以刀子切斷手指保命；但若是一猶豫，毒液運行到手掌，他就需要砍掉手掌以保命；再猶豫就是失去手臂；接著便是「命休矣」。至於如何說服這些經營者誠實地面對他們所處的困境，甚至是絕境，是做TARF最最最困難的一個工作。

眞相就在你的嘴巴上

時機緊迫、機會難得，所以傑夫與畢修把握這個機會，問題一個接著一個，問個沒完……

「你們最大的機會在哪裡？」

這是達利用來當開場白的第一個問題，因爲每個人都比較喜歡談夢境與機會，這種正面的問題比較容易降低受訪者的防禦心，也比較容易打開話匣子；一旦話題開始以後，只要維持氣氛就可以繼續深談……有人形容達利的人問問題都像是一串肉粽似的，只要開場白順利就可以針對對方的回答再一個接一個地深入……

迷惘科技的現狀、經營機會以及挑戰就在一問一答中漸漸勾勒出來。原來這家公司是臺灣第一家做MEMS（微機電系統，micro electronic and mechanical system）相關技術與產品的公司，這個技術領域的應用非常廣泛，又是屬於臺灣在IT產業未來成長的關鍵性技術之一，所以虞財總經理介紹得眉飛色舞，這個技術的運用本來就廣泛，加上各類產品應用更是充滿想像空間，所以講起來眞是機會大好！傑夫與畢修一聽，也不由得眼睛一亮，興趣非常濃厚。

根據達利研究所知，這幾年來MEMS的領域一直是許多高科技公司想要進入的領域；在前幾年股市熱絡的時候，很多公司只要與MEMS沾上一點邊，即使公司還未發展出眞正可以出貨的產品，股價也往往有一百多元的身價。照理說迷惘科技應該嚐過高股價的風光，甚至於趁機撈一筆吧？所以傑夫隨便問了一句：「迷惘科技當時增資股價多少錢？當初應該募到一筆可觀的資金了吧？」

傑夫本來是想當然耳地輕鬆開個玩笑，沒想到虞總與夫人對望一眼，又看看坐在旁邊的兄弟，表情有些尷尬，又有些遺憾地回答：「我們那時候根本沒有辦理增資！」

「哦？」傑夫與畢修驚訝的表情溢於言表。傑夫本來想問爲什麼的，可是看到虞總夫婦的表情有些奇怪，決定不再追問，免得破壞氣氛。傑夫心想，當時到底是爲了什麼原因而沒有在股價高檔時辦理增資呢？是因爲經營團隊當時太貪心，不願意和別人分享？還是當時公司不需要錢？或者是其他股東不願意股權被稀釋？抑或另有原因？雖然這是個值得探討的線索，但態度還是保留些，回去再問愛絲比較好吧！

傑夫向畢修做了個眼色，畢修馬上換個話題繼續發問：「根據你們的說明，最近需要增資是因爲需要擴充的關係？現在股東都有興趣繼續參與增資嗎？有沒有找新的股東？你需要股東提供什麼樣的幫忙呢？」畢修一個個問題連串地問出來。

虞總爲畢修與傑夫解釋了股東的近況，讓兩人對迷惘科技的股東組成、態度以及背景都有了初步的概念，對這個案例的可行性也有了初步的瞭解。這又是TARF與一般投資不同的地方，一般公司增資的時候，如果股價比上次增資高的時候，一般而言，原股東是不會有太多意見的，大多數是由經營團隊決定接受哪些新股東的資金；但是TARF的案例就不同了，TARF的進行幾乎都會牽動股東結構與股價的降低問題，因此必須得到原來股東的同意才行，不然什麼事情都作不下去。這就是爲什麼畢修與傑夫對現有股東的態度這麼在意的原因。至於如何讓原股東同意減資？這又是另外要處理的問題。

虞總經理夫婦和虞副總經理把所有股東的背景與他們對增資股價、參與的意願都解釋了。看來迷惘科技的三人應付得還不錯，因爲傑夫與畢修頻頻點頭，而達利似乎也有很高的興趣囉？頓時氣氛比剛開始樂觀許多，大家的臉上也開始有些笑容，態度明顯地輕鬆不少。

這時候傑夫不經意地問：「對了，貴公司所在地淸幽安靜，可是交通似乎有不方便的困擾，這對你們找優秀人才而言有沒有困難呢？」

「這個……」虞財總經理有些尷尬地回答：「我不得不承認找人才的確是很困難的一件事，一方面是交通不方便，但是最困難的是我們的MEMS技術開發需要的人才與半導體製程需要的人才相同……」

什麼？需要用半導體製程的人才？虞總話還沒有說完，傑夫聽了這話臉都綠了；他和畢修互望一眼，兩人心底都淸楚，當迷惘科技要用到半導體的人才時，就必須和臺積電、聯電，甚至一些IC設計公司「搶人」；試問：這些人在新竹科學園區做得好好的，爲什麼要到這鳥不生蛋的荒郊野外來上班呢？除非迷惘科技的薪水或是紅利給的特別高，有些人或許會因爲高薪而來，問題是迷惘科技過去都沒有眞正賺錢過，哪有什麼能力付高薪呢？

傑夫索性直接提出這個問題；虞總看看傑夫又看看畢修，嘆了口氣說：「這就是我們找人的困境！」

「難道都沒有找到好的人才嗎？總會有一些人才願意賭長期的吧？」畢修不死心地繼續追問。

虞總點點頭說：「是呀，我們是找過幾個一流大學的高材生，他們因爲MEMS具有前瞻性也願意來我們這裡上班；可是過了兩、三年之後，那些人看到公司產品開發沒有想像中那麼順利也就走人了。後來我們乾脆自己作研發，不靠外人了！」

不靠外人？講起來很有氣魄，可是技術這名堂光靠自己行得通嗎？如果過去兩年來所有技術的開發都在虞總兄弟手裡，到時候他們兩個人不是成了「不可或缺的」關鍵技術人物了嗎？那對「再出發」而言豈不是最大的瓶頸所在？想到這裡，畢修不禁有些擔心，回頭看看傑夫也是一臉煩惱狀，顯然兩個人的擔心是相同的。

畢修喝口水，略事休息，傑夫接著發問：「你們估計未來的新產品需要多少資金投資才夠呢？」

「至少要兩、三億以上才夠吧！」虞副總經理回答。

傑夫一聽，臉色不禁有些難看了。因爲一個公司要 turn around 的話有幾個關鍵因素，除了剛剛提到的股東態度、關鍵人才取得以外，最重要項目之一就是需要多少資金的投入才足夠，倘若需要龐大的現金投入的話，萬一公司轉型再出發不成功，所有投進去的資金都會成爲「沉沒成本」(sunk costs) 了，甚至成了「沉沒費用」。會計名詞上之所以稱爲「成本」，是因爲以後還有回收的機會，所以才叫做「成本」(cost)，如果投入的資金都花在購買設備上，萬一公司不能夠「再出發」的話，這些設備當廢鐵賣可能都沒有人要，到時候這些資金連成本都算不上，根本就成爲大江東去不復返的「沉沒費用」(expense) 了！

「銀行貸款額度多少？」傑夫繼續問財務結構的問題。

這下虞總很驕傲地回答：「我們在財務上一向很保守，根本沒有跟銀行借錢！」

「沒借錢？很好、很好！」傑夫口頭上稱讚很好，其實心裡算盤一打就知道迷惘科技現金已經燒光了！現在的虞總三人一定是強顏歡笑，其實廚房裡面早就寅吃卯糧了！道理很簡單，迷惘科技既然沒有向銀行借錢，可是公司資本額只有一億多元，而公司開張到現在兩年多，每個月都還在賠錢，加上一些機器設備，估算起來現金絕對用得差不多了……

傑夫兩眼直視虞總經理夫婦，直截了當地問：「迷惘的現金是不是該燒光了？」語畢，傑夫和畢修都留心觀察對方三人的反應和回答。

果然三位經營者不約而同地露出困窘的神色，互看幾眼，欲言又止；過了幾秒鐘，虞總還是很坦白地承認：「我們正與公司股東討論如何處理這個問題。」這樣的回答等於間接地承認了傑夫的問題了。

「有什麼具體計劃嗎？」傑夫繼續追問。

「先請我們家族裡的人借錢給公司經營吧？」虞總經理回答後，有些不安地看著傑夫，卻無法從傑夫的神情窺探出什麼；而傑夫只是向畢修點點頭，沒有作聲。

畢修接著問另外的題目：「你們認爲，迷惘科技現在最有潛力的產品是什麼？」

「喔，」聽到這問題，虞總經理暗暗鬆了口氣，笑了笑說：「有一家知名的日本A公司現在正在開發一些新的應用，而這些應用看來只有我們獨家可以提供裡面的MEMS組件。」

再回到這個主題，提到未來的前景，三位經營者顯然都胸有成竹，所以又換上信心十足的表情；不過看在畢修與傑夫眼裡，這樣的表現反而顯得過度信心（over-confident）似的，日本A公司的新應用只有迷惘科技獨家可以提供？有沒有搞錯？日本是MEMS的濫觴之地，擁有的關鍵技術與應用應該是全世界第一吧？怎麼可能只有臺灣一家資本額一億多元的小公司可以獨家提供呢？這不是over-confident那是什麼？還是另有原因？畢修因而咄咄逼人地丟出一連串問題：

「只有你們獨家做得到？這是你們自己說的還是日本客戶告訴你們的？」

「爲什麼以前迷惘科技做不到？又爲什麼投資以後就可以做得到？」

「你們怎麼知道日本A公司沒有其他技術來源呢？」

虞總原本以爲「不會有問題」的回答卻帶出幾個不好應付的問題，讓三位經營者在面對畢修一連串的問題時態度突然變得拘謹，甚至有些不知所措……

傑夫適時打起圓場，說道：「虞總經理，你們和日本公司合作的時候有沒有考慮到他們的立場呢？他們有沒有解釋他們的想法？如果照你所言，日本人對新應用很感興趣，而你們的技術對他們的發展有關鍵性影響，又只有你們可以獨家供應的話……照理說他們要不就自己做；要不就是要求你技術移轉；不然也應該會要求投資你們到一個很顯著的比例才對呀？照我們看來，既然他們未來將花大錢去推廣的新產品必須依賴迷惘科技的技術的話，除非那日本公司對這個技術有相當的掌握度，不然他們不可能睡得著覺才對……」

傑夫停了兩秒，有些嚴肅地繼續說：「如果我是那日本人，我應該會要求你至少要給我一半以上的股份才對，不然我是『輾轉反側，夜不成眠』呀！」說這話的同時，傑夫一邊觀察虞總三人的反應，一邊心裡已經開始揣測爲什麼那家日本公司沒提過要投資擁有迷惘科技一半的股份？

兩位經營者面面相覷，沉默了許久，卻沒有接口。

畢修在一旁敲邊鼓地說：「是呀，虞總經理，我是你的話，一定會追問日本公司爲什麼不投資你們？你看看，如果這件事對他們那麼重要，他們應該要投資，而且就像傑夫所說的，應該要求很高的股份才對；如果對方認爲這技術對他們很重要卻沒有投資的興趣，或是要求的投資比例很低的話，就有些相互矛盾了，對不對？你想想看，他們的打算到底是什麼？」

虞總經理挑挑眉，沒有回答。

傑夫想了想，趁這個機會告訴對面三個人一些經驗談，順便自我宣傳一下也好，念頭一轉，因而改用很和緩、很親切的語氣解釋道：「一般來說，日本人和臺灣廠商的合作模式都是希望我們出錢幫他們開發技術，等到技術開發成功之後所有業務都透過他們來做，最後我們只能幫他們做代工而已。你們想想看，所有業務的拓展都是掌握在他們的手上，我們不就是他們的代工廠嗎？他們的如意算盤還包括最好連設備也要我們自己買，所有開發過程的投資及費用都是我們自己承擔，若是新產品新應用在市場上得到好的反應，則好處都是他們的；若是失敗，則錢都是花你的。」傑夫耐心地解釋。

虞總夫婦與兄弟都點點頭……

「所以日本人會告訴你們說你們的技術基礎很好，對他們的未來很重要，甚至於他們未來新的產品線還需要靠你們幫忙開發呢！這些日本人也願意給你們很大的訂單，可是又會提醒你們說在技術方面還需要在某個領域再提昇一些，甚至也很熱心地告訴你說只要採購更精密的設備就可以改善良率等等……然後幫你搭線找一些技術合作夥伴，找到設備廠商提供你優惠條件……日本人願意幫助你做一切提升，還願意給你訂單，而且訂單給的價錢還不錯，是不是？」

虞總三人還是點點頭。

「可是關鍵是你要自己出錢買設備，對不對？」

「你的技術來源也是他們介紹的，對不對？」

「你買的機器、設備雖然有很大的折扣，可是也是他介紹給你的，對不對？」

「這整個過程中，那日本人一毛錢也沒有出，對不對？」

「甚至於那日本人連投資你們公司也找了許多冠冕堂皇的理由來表示不方便，證明他是心有餘而力不足，對不對？」

傑夫每問一個「對不對」，虞總三人就點個頭。發問的人問得心疲，點頭的人點得脖子也很累，不過終於眞相大白！

畢修接著說：「總經理呀，你應該叫那家日本公司出錢買設備給你用嘛，既然對他這麼重要，就叫他先買設備，以後再把設備 consign（寄託）在你的工廠，由你爲他們開發、生產產品，同時他與你們兩家公司一起研發，專利權共同擁有，這才合理吧！不然像傑夫所說的，你花那麼多錢來買那麼多設備，技術、機器來源在日本人手裡不說，最後連業績都完全掌握在對方手裡，萬一他不下單的話，你這些設備怎麼辦？萬一第一批交貨以後他說新產品銷售不佳，必須暫緩幾個月的話，你豈不是向武俠小說所形容的『橫鎖長江』，前進不得，後退無門嗎？你爲什麼不叫那日本人買設備，然後由你們負責派人執行，營運資金兩邊各出一部分……這種合作才叫做『雙方合作』；不然那日本人給你一個空中樓閣說以後的生意多大、多好，引誘你出錢，最後翻臉說不做了，豈不慗死你？」畢修更進一步說明，愈說愈恐怖。

傑夫和畢修一搭一唱，有意點出這些問題，以顯現和日本人談判的時候達利可是經驗豐富的，最起碼可以避免他們犯錯吧！說得口沫橫飛，照理說虞總三人應該神情嚴肅，態度認眞才對，可是看起來對面的三位經營者似乎不怎麼感興趣似的？這下連傑夫與畢修這兩個擅長威脅利誘的老創投都有些納悶，只好拿起水杯，邊喝水邊觀察再說……

傑夫有些納悶，乾脆再出一招，刺探地說道：「近日倘使你們要和那日本公司繼續談合作事宜，如果你們認爲孤軍作戰人孤力單，需要我們在合作的過程中表達一個新投資者對迷惘科技的興趣，或是扮演談判、法律顧問角色的話，我們倒很樂意提供幫忙。」

聽到這，虞總經理和副總經理相視微笑，沒有接腔，神情有些複雜地看著畢修和傑夫；兩人的笑容背後到底是心存感謝還是認爲達利狗拿耗子多管閒事，恐怕只有他倆自己心裡明白了。

傑夫和畢修當然不是願意倒貼幫忙的人，兩人之所以主動提出願意協助談判，其實是想測試眼前這三位經營者到底是不是眞正體認到迷惘科技需要幫忙；還是認爲他們什麼事都可以自己處理，而不需要別人的幫忙。

傑夫與畢修最怕碰到的對象就是「青眠牛不怕子彈」（閩南語）的經營者，因爲這些經營者事實上根本沒有危機處理的經驗，又是當局者迷，看不到擺在他們眼前的陷阱，所以自以爲自己的公司還充滿前景，而且對目前公司所面對的問題也自認爲可以應付得很好，對商場上的爾虞我詐也完全沒有知覺；就像迷惘科技吧，說不定還認爲與那已經保證會下訂單的日本公司打交道怎麼會有問題呢？

兩人更怕的是經營者根本不認爲自己的企業碰到危機；明明到處都是問題，可是經營團隊還以爲前景一片大好，這種經營團隊更難應付，因爲他們根本搞不清楚狀況，在他們心目中，還誤以爲他們需要的只是一筆能夠讓他們度過眼前的財務拮据的「錢」而已，根本不認爲自己的企業有可能已經面臨了生死存亡的關頭，已經「一步一步踏入死亡的界線」了，甚至不認爲自己有任何需要他人插手幫忙的地方。

談到這裡，兩人覺得也沒有什麼可以繼續談下去的了，於是起身告辭。虞總三人看到達利這兩位客人這個時候就告辭，忍不住露出非常驚訝的表情。傑夫一看，頓時明白了，終於明白兩邊出發點的差異！

原來迷惘科技的經營團隊根本不知道公司既有的投資者對迷惘科技已經失去繼續投資的興趣，對經營團隊也已經失去再支持下去的興趣，所以才會找達利出面進行公司「再造」與「再出發」的程序！可是看起來這三個人根本不知道這回事，還以爲達利主要目的是來談投資的！看來經營團隊根本不認自己有什麼問題，所以他們才會驚訝爲什麼達利這兩人連投資價格都還沒開始談，就要走人了呢？看來他們眞的認爲自己需要的只是一筆能夠救「逼死一條英雄好漢」的「一文錢」而已！

他到底需不需要幫忙？

在回臺北的路上，傑夫與畢修認眞地討論了迷惘科技這個案例；還沒回到臺北，已經有了一些共同的結論：

一、迷惘科技現況入不敷出，從 cash flow（現金流量）的角度來看，急需現金進來。可是由愛絲的話裏可以猜測出來，現有股東似乎興趣不高。

二、MEMS技術要慢慢累積，所以一蹴可幾又急速暴發的可能性不大，必須靠新的技術和市場；而新的技術和市場開發又必須採用新的設備和製程，這又必須有新的市場，也就是要有客戶才行，這其中可是充滿挑戰的，而這全都需要錢，更需要時間！

三、除非那日本公司願意出錢，不然迷惘科技所說的技術領先、日本人的生意等等都未必可信。

四、這個案例看來有幾個最大的瓶頸：

甲、經營團隊還未體認到目前他們所面臨的實際狀況。

乙、這個案例很難找到願意出力的人。

丙、除了錢以外，要花多久時間才能夠顯現投資效益呢？

丁、除了愛絲以外，其他股東態度如何？。

最重要的還是經營者在面對公司危機時的心態，經營者對公司的體認；如果他們還拒絕承認公司需要別人幫忙的話，一切都是白費。

歸納整理出重點後，畢修突然提議：「我們來打賭，你猜他們會不會主動尋求達利的幫忙？你賭會？還是不會？」

傑夫看著畢修，愛笑地說：「當然是賭會！你難道賭不會嗎？」

畢修邊說邊搖頭，「他們缺錢，而且今天從頭到尾都沒有談到增資的條件，所以必然會再來找我們。如果他們來的話，會需要我們什麼幫忙？賭賭看，你賭他們需要我們幫什麼忙？幫他們與那日本人談判？還是幫他們爲公司作經營體質的診斷？或者是幫他們找人？還是……」

傑夫忍不住打岔，很肯定地說：「不必賭！他們要的就是『錢與生意』這兩樣東西，其他的他們都不會認爲他們需要從外面找！」接著，傑夫邊釐清狀況，邊回答畢修的問題：「如果他們要的是達利的參與，不管是和日本公司的談判，或是參與公司的整頓和未來的計劃，那代表這公司還是可爲的，表示他們體認到自己事實上急需要別人的幫忙；如果他們只是希望拿到達利的錢或期望達利介紹給他們一些生意的話，基本上就代表他們對自己狀況的體認和我們所了解的是有出入的。可惜的是，我賭的是後者！」

說著說著，傑夫眼珠一溜，突然天外飛來一筆，笑著問畢修：「你猜，愛絲會不會打電話來問今天的狀況？或者說我們今天談的內容愛絲根本就會知道？」

畢修也笑著回答：「嗯，當然會！以愛絲的個性來看，她知道我們今天早晨去過迷惘科技，我們離開已經快一個小時了，**這個時候的她應該早就從虞家人的口中知道了！**不然我對她還會感到有點失望呢！」

狡詐創投美女「斥候」

果然讓畢修猜中了！隔了沒兩天，可愛的愛絲小姐就來電了，很禮貌地問畢修：「那天去迷惘科技狀況怎麼樣啊？」

畢修促狹地將了愛絲一軍：「哎呀，愛絲啊，其實妳都知道嘛，又何必問呢！」

電話那頭傳來愛絲尷尬的笑聲，笑過後試探地問：「那下一步我們應該怎麼做呢？」果然是個玲瓏剔透的創投金釵，聰慧的模樣，簡直能令天下父母心不重生男重生女。

畢修故意顯出不耐煩的音調：「我們已經告訴虞總經理夫婦和虞副總經理可以幫他們什麼忙了呀，在我們行話裡面，這叫 service-on-call（有需要再打電話來）嘛！如果他們認爲有需要，來告訴我們啊；如果他們認爲不需要，就到此告一段落囉！」說著說著，畢修突然想起他和傑夫討論過爲什麼愛絲自己不參與這件 turn around 的案子，因而馬上開門見山問：「爲什麼妳自己不主導做 turn around 呢？」

嘿，當然這愛絲也不是什麼省油的燈啦，她先調侃畢修：「什麼 service-on-call，還不是你們編的！又不是０２０４電話服務！」

「噯，我們可是正經人士，哪像妳滿腦袋怪思想！你別把我的問題岔開，『顧左右而言他』對我是沒有用的，就直說吧，告訴我爲什麼妳不自己做？」畢修也不示弱地回了一句。

愛絲果然是經過大風大浪的資深創投人，只見她不慌不忙地、很坦白、很直接地承認：「這要你們這種老經驗的人才做得來，我是想做，可是做不來嘛！」輕輕交代過去……既送了大帽子，又爲自己解圍。

「那妳到底是想做還是不想做？」畢修執意打破砂鍋問到底。

愛絲輕盈一笑，放柔聲音說：「唉，男生不要這麼鑽牛角尖嘛！『想做，卻心有餘而力不足』和『不想做』，也沒什麼差別，不是嗎？」又是兩句話輕輕帶過。

畢修心裡一陣嘀咕，忍不住斥罵：「欸，這是什麼話，妳這個女滑頭，問妳的問題，妳有回答跟沒回答一樣，VC所有典型的壞習慣妳都學會了！還來吃我的豆腐！」

愛絲已經知道她該在哪裡使力了，嘻嘻地笑著掛了電話。

後記：登門求救？

達利本來以爲這個案子就此夭折了，沒想到迷惘科技最終還是來電了，請祕書貝兒（Belle）小姐代爲安排達利下一次的拜訪。

貝兒放下聽筒，立刻跑到傑夫的辦公室，一看傑夫不在，又轉往畢修的辦公室，怎料畢修也不在。正在探頭探腦之際，突然看見兩個老闆推開大門進來，想來兩個老闆大概又上頂樓邊呼吸新鮮空氣邊討論公事了。

貝兒立即迎向兩位老闆，「傑夫，剛剛迷惘科技來過電話詢問下次的見面時間，我們是不是照老規矩安排時間去拜訪他們？」

傑夫一聽是迷惘科技，考慮都不考慮地說：「不行！再見面可以，讓他們來看我們，我們不再去拜訪他們了。」

「啊？」貝兒楞了楞，有些不解地問：「不是向來都是我們去拜訪新客戶的嗎？爲什麼這次堅持要他來拜訪我們呢？」

「妳問的好！我們上次該說的都已經說了，再去拜訪他們，會讓他們以爲我們有求於他；相反的，如果他們來看我們的話代表意義就不一樣了，這代表他們有求於我們，屆時我們就可以看看他們到底需要我們什麼。你沒聽過『自行束脩以上』嗎？不讓他們自己來跑一趟，我們哪有束脩可拿？」傑夫半認眞，半開玩笑地回答。

「你的意思是說，如果他們眞的認爲需要我們的話，應該他們自己上門求救囉？」貝兒有些明白了。

「沒錯！倘若還要我們再去拜訪他們，就有點像我們熱臉貼冷屁股了；事實上是這家公司需要別人的幫忙，如果他們有這樣的體認，他們早就應該親自上門了。」

「我明白了！」貝兒笑了笑，轉身準備回座位。

「等等！」傑夫喚住貝兒，又補了一句話：「如果他們要來，以我們方便的時間爲準，不是我們去配合他們的時間。」

這會貝兒又有些納悶了，連這個要求都與達利的慣例不同，這又是爲了什麼呢？難道傑夫不想見他們嗎？

事實上，傑夫的高姿態並沒有讓迷惘科技打了退堂鼓。兩天後，虞財總經理與兄弟副總經理連袂來到達利；爲了這個會議，虞家兄弟還特地更改行程，將已經安排好到美國的行程延後以便配合達利的時間。

時間一到，傑夫和畢修依約前往會議室。在下樓的短暫時間內，傑夫一派輕鬆地問畢修：

「你猜他們會不會主動告訴我們跟日本人談判的結果？或者我們問他們這件事，他們會不會說？」

畢修回問：「這有差別嗎？」

「當然有！如果說我們問了，他們願意告訴我們，或者是他們主動告知，代表他們已經把我們視爲自己人了。你想想看，日本A公司對迷惘科技未來發展的影響這麼重大，如果他們告訴我們談判的結果，是不是表示我們可以一起討論下一步該做的事情？而這不也隱隱約約顯示了他們已經視我們爲可以合作的夥伴和對象？相反的，如果我們問起這件事，而他們只是輕描淡寫地帶過，或者根本不太願意回答，就可以知道他們依然視我們爲外人。」

「有道理！噯，照你這樣說，如果他們開口只是要我們出錢投資，其他都不談的話，豈不更糟？！」畢修有些懷疑地說。

「你可能又猜對了……不過對我們而言，只不過是失去一個TARF的案例；對他們而言，卻可能還是『盲人騎瞎馬』，而對他們現有的股東來說，才算是眞正的糟糕呢！」

背後掌舵的創投黑手

雙方第二次見面。理所當然免不了必須寒暄兩句，接著虞總經理便笑容滿面地主動先報起喜來了：「這兩個禮拜以來，我們的業績還不錯，感覺趨勢又反轉了……不可否認過去幾個月的確是跌到谷底；但以這個月我們接到的訂單來看，不僅數量大，客人也來得很熱絡，看來情勢果然是好轉了！」

不知怎的，虞總經理硬裝出來的這種樂觀態度讓「如今世路已慣，此心到處悠然」的畢修在心裡暗自批了句：「明明不是這樣，你還要來這一套！」連傑夫似乎也對這個喜訊不太關心，岔開話題問道：「你們跟日本人談的結果怎麼樣？」

「呃……」虞總經理和副總經理互相看了看。「唔，大家還在談，現在還沒有定論，看來還需要花些時間才會有進展。」虞副總經理輕描淡寫地帶過了！

傑夫轉頭看看畢修，笑了笑；畢修則不做聲色。

「那二位今天來的目的是……？」傑夫淡淡地問。

「是這樣的，我們仔細考慮過，這次希望邀請達利成爲我們的投資者，我們認爲達利是可以帶進價値的投資者，所以今天特地前來邀請達利愼重考慮投資的事。」

「達利是有『價値』的投資者？價値兩個字是什麼？你們希望從達利得到什麼樣的幫助呢？」畢修先提了問題，然後半開玩笑地說：「你們可知道達利向來喜歡佔便宜；不佔便宜我們是不投資的。」

虞總經理並不驚訝畢修的說辭，似乎是有備而來，很愼重地對傑夫和畢修解釋：「我們認爲達利是有價值的投資者，所以歡迎達利投資，價錢上我們可以比較優惠。」

傑夫再打岔：「你跟其他股東談過嗎？」

虞總經理點點頭：「談過！這次我們希望引進有價值的投資者，股東基本上也都樂觀其成，都認爲達利是有價值的，所以希望我們和你們討論可能的方案；當然具體的條件還沒有與股東談過就是。」

虞總這個答案表面上看來四平八穩，實質上卻沒有任何明確意義。畢修一聽馬上聯想到這分明是愛絲替他們編的臺詞，想著想著，腦筋裡還浮現出愛絲狡猾中帶著天眞無邪的笑容；同時也對虞氏兄弟失去了耐心，不想答腔。沒想到一旁的傑夫還是給了對方最後一次機會……「我還是要重提剛才畢修問的問題，你們認爲需要達利什麼樣的價值或幫忙呢？達利雖然喜歡佔便宜，可是我們也是無功不受祿，不習慣白拿人家的好處的。」傑夫正色說。

「哎！達利這兩個人很難纏耶，給你好處還得要幫你想出個理由？」虞總經理心裡雖然這樣嘀咕，不過卻是有備而來，所以不疾不徐地開口回答：「如果達利能夠介紹你們的關係企業多多使用我們現有的產品的話，不僅馬上能提高我們的業績，以現在的經營方式來看，甚至都可以在明年終就申請上櫃了！」開門見山！很坦白的請求！

傑夫語氣依然淡淡的：「還有沒有其他需要我們幫忙的呢？」「如果達利願意進來當 lead investor（主導投資者）的話，我們非常歡迎！同時價錢上還可以給優惠條件，也許這次增資我們就以一股十塊出頭的價格邀請達利投資入股。」虞副總經理接著回答。

畢修抬眼看看天花板，想了想再度開口問：「嗯，十塊出頭？你們希望增資多少呢？」

「這次因爲是策略性增資，所以我們認爲增資金額只要三千萬就可以了。」虞總經理笑著回答。

「但是你需要的錢不只三千萬啊，如果你要開發新產品、增添設備，再加上營運資金，至少也要兩億多才夠吧？這不是上次你說的數字嗎？」傑夫打岔。

虞總經理看看虞副總經理，兩人的笑容一直停留在臉上，「我們認爲現在業績起來了，所以先增資三千萬解決 working capital（營運資金）的問題就可以，等過一段時間，業績更好以後再做下一輪增資，那時候價錢才會更高一點。」

傑夫聞言不再說話了，畢修也一副若有所思的樣子，而兩位經營者滿懷期望看著傑夫和畢修……時間就在靜得幾乎能聽見彼此的呼吸聲中一分一秒地流逝。

許久，傑夫終於開口了：「這一輪的投資我們恐怕不會參加，我勸你們還是找現有股東增資比較好些。」

「爲什麼？」傑夫的回答完全出乎虞總經理和副總經理的預料之外，顯然愛絲事先替他們做的沙盤推演沒有這一段，所以兩人難掩驚訝，「這不是已經符合達利『佔便宜』的條件了嗎？我們上次增資一股二十塊，現在只要十一、二塊，也留了一些技術股提供給達利以及其他有價值的股東，爲什麼達利反而不要了呢？難道我們的 offer 還有什麼疏忽之處嗎？」虞副總經理說到佔便宜，還特地加重語氣，提到疏忽之處，口氣也特別地委婉。

然而傑夫的語氣非常平淡，完全不帶任何感情，甚至連抑揚頓挫都免了：「投資與否，我們比較重視的是雙方在觀念上是不是相同，這是大前提。根據你們的說法，很顯然我們雙方在很多想法上是完全不一樣！上次見面我與畢修就跟二位提過，我們認爲你們必須先把公司未來的成長相關問題與需要的資金一次規劃好；可是眼前你們的作法是只談這一次的小額增資，未來的一切卻等到以後再談。從我們的角度來看，這兩個思考邏輯完全不一樣。」

虞總經理有些著急了：「爲什麼你一定要把以後的成長和增資混爲一談呢？我們先增資一次，解決營運資金的需求，等業績好以後再增資豈不是對大家都好？你們的風險也比較小呀？」

傑夫似笑非笑地反駁：「非也，非也；這是對你們好，對我們不好。我就明白地說吧，表面上你們對達利有興趣，也承認達利的價值，其實對達利非常不利。不瞞二位，我們對你們眞正有興趣的是你們未來的成長機會，如果你們不做大幅度改變，繼續維持現有的經營方式的話，每年所賺的錢能有多少呢？現在資本額是一億七千多萬，你們在未來兩年內連勉勉強強的連損益兩平（break even）都不容易做得到吧？」

虞總經理和副總經理一聽，臉色一陣鐵青。

「再說，如果達利參加這輪你們所謂的低價的小額增資，當起 lead investor，其他原股東們對達利會做何感想？他們是不是會這麼想：『這次達利是因爲策略夥伴能夠帶進價值的原因，所以我們讓達利佔便宜，接下來公司還需要兩億多資金，等到下一輪需要再辦增資的時候，達利理當義不容辭繼續支援才對！』屆時增資價格如果一股十八、二十元或是更高的話，達利豈不是啞巴吃黃蓮？要是達利不參加增資，不就落人口實說我們只會佔便宜，不講江湖義氣？要是達利願意出錢的話，出的錢可是大錢呢！總經理，你們希望達利將來出大錢投資，可是你們未來的計劃卻根本還未完全談清楚呢！

好吧，你今天一股十一、二塊增資兩、三千萬，就算一半給達利吧，達利能賺多少錢？不過是三、五百萬而已，但是下一輪的風險有多大？上億哪！要是你需要兩億，達利出一半的錢就一億了，你說達利怎麼可能爲了佔幾百萬的好處而損失以後的一億呢？兩位虞總經理呀，你說我的算法有沒有錯誤呢？」

虞總和虞副總面面相覷，半天說不出話，又窘又氣的臉色似乎是在心裡暗罵：「眞是難纏，怪不得人家都說傑夫心裡面老是有一把鐵算盤，整天嘎吱地敲個不停，眞受不了！」倒是傑夫此時心裡想到的是愛絲的這招「引君入甕」，眞是既狠又毒；下次再碰到她可得要加倍小心防範才是。

「那你的意思是？」虞總經理試探地問。

「我們的立場很簡單，

第一，如果你們要增資，我們就必須把下一輪的增資條件以及認股方式一起談定，並且簽訂合約。

第二，你們未來的事業發展，既然日本A公司扮演了重要的角色，所以你們必須把讓日本A公司投資你們的事先談清楚。

總而言之，日本A公司願意投資我們才投資；不然的話這個投資案有太多變數，我們建議還是找你們現有股東比較合適些。」

虞總經理和副總經理不知如何處理這樣的場面，雙雙僵在現場，會議室的氣氛因而直逼冰點。過了好一陣子，虞總有些遲疑地問道：「那有沒有其他的辦法？依你們的建議，我們應該怎麼做比較好呢？」

「如果你們只是需要三千萬，跟現在的股東拿錢嘛！跟現在的股東拿錢應該是最容易的了！不但名正言順，現在股東也不會感覺被新進的投資者佔了便宜。倘使你們認爲達利貞的有價值，等到下一輪你們業績起來了，或是你們需要跟日本A公司談未來的長期規劃，或者對現在的業績成長有比較成熟的看法，抑或是要達利出面一起找日本A公司共同投資當策略性夥伴的時候，我們再來談，到時候大家合作也比較有意義些。」傑夫語氣依然平淡，卻絲毫沒有任何再商量的空間。

事實上，傑夫本來想叫虞氏兄弟向愛絲的創投公司拿錢，反將愛絲一軍，不過一念之仁突然湧上心頭，話到了嘴邊因而又收了回去。

既然事情沒談成，兩個經營者只好掃興地離開了。

狡詐創投：反將你一軍

客人離開後，畢修感慨地對傑夫說：「他們先給我們一些小小的好處，等到下次增資卻把我們牢牢地住，夠狠……」畢修突然住口，因為他發現傑夫兩眼發呆直瞧著天花板，好像在想什麼心事似的。「傑夫？」

傑夫聽喚回過神：「喔，對不起，你剛說什麼？我沒仔細聽……」

畢修只好又重複了一次剛剛的話。

傑夫聽後輕輕嘆了口氣，「是呀……不過我現在關心的倒不是這個問題了；我現在好奇的是他們怎麼想得出這種方法？是自己想出來的點子？還是背後有高人指點？你想想看，一般的創業者在面臨經營困難的時候，基本上只會想到該如何拿到錢而已，怎麼可能思慮如此完整？你看他們的佈局：先讓達利佔便宜，一旦我們接受優惠的價格後，創投業者都會知道；等到我們進去以後再來一次大金額的增資，而且價錢必然提得很高，我們還不得不樂於從命地出錢呢！這樣的構想，基本上只有創投的人才想得出來吧！」

「嗯，這位『原有股東』果然不是簡單人物……」畢修回應。

「還有，上次我們其實已經都把迷惘科技的未來理想狀態都畫出來了：最好的股東結構應該要有我們，最重要的是要有日本那位大客戶，再加上現在的股東和他們自己的家族，總共分成四類是最理想不過的了。至於迷惘所需要的資金，我們也告訴他們了，還建議他們請日本A公司採購設備，也主動提議幫助他們和那日本人談判。可是你看，他倆今天完全沒有提到這些事，所提的只是需要我們的資金，而且還是用計誘騙我們上船套牢，這眞是一個非常厲害的談判呀！佈局完整，環環相扣，怎麼不讓我懷疑他們背後有人指導呢？」傑夫說。

畢修眼睛一亮，像是突然想到什麼似的，「我想我終於搞懂了！其實愛絲根本不認爲迷惘科技是什麼TARF的案子，她只是上次聽我說我們想要找一些TARF的案子來做，然後順勢把我們的夢賣給我們，明明是要設計我們去投資迷惘科技幫她解套，卻來說是一個好的TARF案子與我們分享。」

談到這裡，兩人不約而同想起《達利教戰守則》其中一章〈誰是你的夥伴？〉提到：可能的新投資者與其他現有股東之間的關係是什麼？彼此之間是夥伴？還是諜對諜？誰知道！

好一個整天鉤心鬥角的創投業！

狡詐創投：讓他們與時間談判吧！

半晌，傑夫狡猾地笑了笑，又把話題拉回迷惘科技，「你看，如果他們跟現有股東拿錢，一股不過十一、二塊，假使現有股東不給錢的話，這代表什麼？是不是代表現在的股東不認同公司的價值？再說，如果他們把累積虧損都打掉（write off）的話，一股能有多少錢呢？就是要他們向原來股東拿錢，公司的眞正價值才會被逼得顯現出來。」

「說的也是！如果現在的股東連十一、二塊錢都不願意繼續投資，卻叫我們跳進來；名目上說是讓我們佔便宜，實際上是他們佔了我們的便宜哩！」畢修來一個火上加油。

「沒錯！如果現在的股東十一、二塊都認進來了，公司的經營也像虞總經理所說的一帆風順，那最壞的時期已經過去，實際上我們本來也就沒什麼價值了，而這不也代表迷惘科技基本上根本還不到需要轉型、也不需要動筋動骨地搞什麼『再出發』的地步，也就表示迷惘科技根本不是我們做TARF的對象。反過來說，如果一段時間之後，他們的業績並沒有想像中好，公司的發展狀況也沒有想像中順利，屆時他們還會回來找我們的，到時候我們所提的條件他們都會接受；雖然說我們的教戰守則第三階段是Negotiation，但是我們何必現在跟他們談判呢？讓時間去跟他們做 Negotiation 對我們不是更好嗎？」傑夫說完這段話後深呼吸一口氣。

畢修聞言忍俊不禁，搖搖頭笑了笑。

「我還沒說完哩！」傑夫拍拍畢修的肩膀後繼續說道：「現在的股東一定會問虞總經理爲什麼達利不投資，難道達利發現什麼他們過去沒發現的問題？另外，經營團隊如果現在對原股東增資的話，照臺灣的規定，管理團隊必須依比例出錢；你看，現在的管理團隊虞姓家族就佔了超過五〇％，他們怎麼拿得出這筆錢呢？如果他們不拿錢出來，卻要原股東出錢，那別人又爲什麼願意出這筆錢呢？再說吧，如果說一股十二塊經營團隊自己都不出錢，那又代表什麼呢？把這些燙手山芋都丟回給他們自己去處理，我們就袖手旁觀，以逸代勞吧？！」

畢修點點頭，眼睛直直地看著傑夫，好像是在問他要不要再繼續說下去。

傑夫不吐不快，繼續開口：「最重要的因素，日本A公司在整個增資過程中都沒有參與，我們完全不了解日本A公司的想法！如果迷惘科技依照現在的狀況繼續『噗噗游』下去，這樣的投資有什麼意義？照他們自己說，迷惘科技要起飛的話必須依賴日本這個大客戶才有機會，可是這日本公司對迷惘科技的看法到底怎麼樣？我們根本沒有直接接觸！我怕所有他們說的都是他們自己的 perception（自我認知），甚至我有些懷疑經營團隊告訴我們的那些未來成長目標只不過是空穴來風，這些才是我最擔心的地方。」說著說著，傑夫皺皺眉頭，回辦公室去了。

雖然這場仗打得很漂亮，可是兩個人都有些懶懶的，提不起勁來。

狡詐創投：「說起來放」的卡位絕招

好不容易熬過幾天，畢修還是邀請了愛絲姑娘喝咖啡。在達利樓下的咖啡館和愛絲見面後，畢修絕口不提迷惘科技這個案子，只是問她手中還有沒有可以當作TARF的案子。

倒是愛絲自己先開口了：「達利對迷惘科技經營團隊的看法到底如何？聽說這次的增資達利興趣不高啊？」

一聽到迷惘科技，畢修就佯裝生氣，不客氣地斥責愛絲：「我又花了很多時間去研究MESM這個領域，發覺迷惘科技的技術少了一些關鍵要素，所以我們不認爲迷惘科技短期內有機會成功！他們現在哪有十二塊錢的價值啊？搞不好一股五塊錢都沒人要！」講罷，畢修兩眼瞪著愛絲。

畢修這樣說，分明是仗著自己對技術的了解比愛絲多一點，在對迷惘科技下毒，讓愛絲想投也不敢投；對畢修來講，這可是一報還一報。

愛絲難爲情地笑著，已不著實際地空話回答：「是啊，這家公司……唉，價值實在很難講啦！」

談著談著，無巧不巧，傑夫碰巧經過咖啡館，一眼瞧見畢修和愛絲，於是繞了進來。「哎，加入你們，一起聊聊天吧！嗨，愛絲，好久不見了！」打完招呼，傑夫順口問了句：「你們在談些什麼？」

「不就是上次迷惘科技的案子嘛！」畢修回答。

「哦？」傑夫看著愛絲，正色地問：「這個案子是妳介紹給我們的，那妳自己對他們的看法如何呢？」

愛絲有些尷尬：「我也不曉得哩！看起來經營團隊自己要往前走的意願還是很強吧！」

傑夫笑著說：「是啊，我跟畢修花了一些時間，但是一直感覺不到這個公司的經營團隊認爲他們需要別人的幫忙。其實我們都擬好合作的方案了，包括怎樣分次辦理增資、怎樣幫助他們跟日本人談條件……」

就這樣，傑夫和畢修把之前所做的安排一股腦兒全告訴愛絲，愛絲聽得非常仔細，頻頻點頭，聽完以後卻不發一言，沉默得緊。

「妳看，我們是不是對迷惘科技該怎麼做都有了很完整的想法？」傑夫故意又加了這句話，語氣聽來還有些感嘆似的。

奇怪的是，愛絲不知爲何在這個時候反而顯得有點心不在焉，有一搭沒一搭地和傑夫、畢修又扯了幾句話，然後便匆匆告辭了。

傑夫看著愛絲的背影遠去，笑著問畢修：「畢修，你曉不曉得爲什麼我們今天要把所有想法告訴愛絲？」

畢修不疾不徐喝了口咖啡才回答傑夫的問題：「我可以猜個八九分，反正你不會安什麼好心的啦！」

傑夫聽了哈哈笑了笑，邊招來服務生點了杯咖啡，邊聽畢修剖析到底傑夫是怎麼個不安好心。

「對愛絲，你用的也是爾虞我詐啦！你的目的無非就是把這麼多想法都告訴愛絲，讓她自己知難而退，也就是說以後即使愛絲自己想做TARF，想幫助這個公司，只要一想起需要做那麼多事情，她一個人勢單力薄，一定會來找我們。即使以後別人想要做同樣的事情，愛絲也會站在反對的立場，因爲我們已經告訴她那麼多東西了，『除卻巫山不是雲』哪！所以你剛剛把話都說明白了，表面看來非常坦白、誠實、開放，實際上是給對方一個『mission impossible』，這個『mission』除非我們自己來做，不然別人根本做不到；既然別人做不到，講出來又有什麼關係？反而讓他們很難接受其他比較差的建議了。」

傑夫一聽，樂得拍拍自己的大腿，笑著說：「沒錯，這才叫『卡位』哪！」不過傑夫馬上又變了臉色，嘆了一口氣說：「創投業眞乏味，連個朋友都很難交到，每個人都是鉤心鬥角的，你不嫌累呀？」

畢修沒想到傑夫也會有這種感嘆，楞了一下：「我看你剛剛高興得很，我還以爲你喜歡這種諜對諜的挑戰呢！怎麼？你不喜歡？」

傑夫說：「這種遊戲與刺激我當然喜歡；不過這是純粹就事業上來說的，不能當作生活啊！想想看，如果你我每天都是這樣的生活，見到周圍每個人幾乎都在努力地打自己的如意算盤，你也被搞得整天算計來、算計去的，多累人呀！你我作創投幾年了？這些年來交到的朋友兩隻手數得出來吧！我感覺這個行業裡面只要牽涉到錢，那就誰也不相信誰，不管你聽到什麼、作了什麼事情，都要花許多時間去想人家的目的何在、怎麼保護自己的權益，你不感覺這個行業沒啥趣味嗎？**創投的關係都是建築在錢上面，鉤心鬥角似乎成了我們的本能了！**」

過了一會，傑夫又說了：「你有沒有想到，其實創投的生活與黑道生活還頗爲相似哩！」

畢修一聽，又楞了一下，心想：這是什麼話！

「別搞錯了，我可沒有黑底，都是從電影看來的。你看《教父》這部電影，每個人都爲了自己的權益而對周圍的人採取不相信的態度，整天都防著別人，怕被別人出賣；你有沒有感覺我們當創投的也有這種傾向？不管是創業者、投資同業，你會不會老感覺別人有不良企圖？還是我太多疑？」

畢修看看多年老友這麼感慨倒是少見，想了一會回答說：「如果你指的是愛絲的話，你也別難過，她要了我們一招『引君入甕』，我們不是也回敬了她『下毒兼卡位』；當然這也怪不得你我，誰叫愛絲先來『爾虞』，我們當然也就『我詐』了。你說這像是黑道生活？我倒是不以爲然，在我看來比較像是『以其人之道，還治其人之身』，她夠上道，我們就夠意思，她小人，我們就不可能君子；他們眞要交朋友，我們絕對坦誠相見，他們要小聰明？我們當然就從中取巧，絕不客氣。我這種比喻比較貼切吧？」

傑夫看看畢修，過了許久，兩人哄堂大笑！創投生活本來就是這樣，想想看，整天與錢打滾的人，本來就必須看遍花招百出的眾生相。既然作這個與錢打交道的行業了，又何必故作清高、扭捏作態呢？認命吧！

狡詐創投後記

聽說《達利教戰守則》裡面針對搶案子的招數列了許多撇步，其中對「卡位」的解釋相當有趣，據看過的人轉述守則中的說法是：很多人都以爲捷足先登才是卡位，其實創投眞正的卡位並不是捷足先登，而是完完整整告訴對方你能爲他提供什麼價值，愈完整愈好；當對方聽到你這麼完整的說法，對未來的期望漸漸在他心中紮根以後，其他第三者以後再提任何建議都是你的 subset（子集合），怎樣都不如你好，這一來，當事人就很難接受其他人的建議了。這才是創投搶案子的卡位招數呢！

4

多面創投

變臉的枕邊人

有人說創投是海豚，有人說創投是鯊魚，

其實在創投界裡面的海豚和鯊魚不是分開的，

而是「雌雄同體」、「一體共存」的。

只是我們會隨時改變而已。

問題是造成改變的原因不在我們手裡，

而在創業者（經營者）的手裡。

【前言】

創投業有一個私密的留言版，聽說是幾個創投人私下建立的，會員當然是免費，不過要進入留言版，必須先掃瞄眞實身分的公司名片以證明你是創投業者，然後系統會將密碼送到該名片上的網址，你就可以開始進入這個網站。

網站的名字？想當然耳就叫作「VC惘」，迷惘的惘。

這裡的規矩很多，不可以談公事，不可以談特定案子，不可以在裡面交換情報，不可以打聽裡面的人誰是誰；只可以談心情與經驗，可以談不想告訴別人的創投秘密，而且絕對匿名，一旦眞實名字在內容裡面故意或是暗示而曝光，馬上就被版主封牌，除非改名、改信箱號碼，改進入網站的IP位址，不然就從此進不了這網站。

這些規矩與一部電影《鬥陣俱樂部》(Fight Club)的規矩很像，只是參加的都是專業人士，都是手握許多投資資金，專門負責投資的創投人。

這天，傑夫處理完事情，沒其他事情做（別奇怪，當創投的也經常沒啥事做，所以畢修最喜歡用KLKK一詞來自我解嘲他的工作：KLKK是閩南語諧音，走來走去、閒極無聊狀的意思），乾脆上「VC惘」瞧瞧，已經一個多月沒空暇造訪這個網站，閒著也是閒著，就上去看看最近有沒有什麼特殊的感言吧！

沒想到一個星期前出現了一篇署名「變臉」的文章竟然引起許多同業的迴響與討論，感言與回信將整個網站塞得滿滿的。

好奇之下，傑夫趕快翻頁至第一位作者的留言，看他是怎麼說的，怎麼會讓許多創投同業感興趣呢？

創投都不是好人？

這篇「變臉」的內容是這樣寫的：

我一直以為投資者與創業者的關係就像是枕邊人一樣！當然了，這只是個比喻而已，雖然我是女的，他是男的，但「枕邊人」指的不是男女關係，而是金錢關係！哎呀，什麼金錢關係，愈說愈不清楚，你知道我的意思就好了。（因為上一輪他們增資我是lead investor（主導投資者），想當然耳我一定投資了很多的錢在他們公司。）

我們不是對方的唯一，（只要人與人一牽扯到金錢，怎麼可能是唯一的關係呢？是吧！）卻是關係最親密之一。

當我們之間有了金錢關係以後，我與我的客戶（就是我給他錢的那個公司的老闆啦！）的關係一直維持得很好，至少我是這樣認為的。

直到上禮拜我無意中聽到他與別人的談話後，我才知道我不僅不是他的唯一，不是他的枕邊人，而且他口中的我竟然是這-麼-的-醜-陋？你看了下列他的形容詞以後，能不像我一樣抓狂嗎？

他描述我的惡毒字眼包括：

＊她表面裝成一副想幫忙的樣子，其實從當初第一次見面就不安好心，跟我胡扯了半天，原來都不是眞心交往，完全是套我消息的！好一個海底針的創投女人心。

＊她每次上門的時候都會講很多好聽的話，比如她們除了投資資金以外，還可以提供各種幫忙等等……我當初就是不了解她，不懂創投業者都是『京油子、衛嘴子、保定府的狗腿子』（很會講話的人有如北京人的油、天津人鋒利的嘴），人嘴兩面皮，說的好聽得很，什麼幫助、指導！當初的我像是情竇初開的男孩，哪曾碰到這種江湖術士出身的女人？才見過幾次我相信她了，還把公司最重要的增資案讓她主導；後來才知道她的目的根本就是讓她投資，而且還是比別人更低的價錢投資。明明是餵我吃糖衣毒藥，我還認不清楚，竟然把這次增資的主導權簽字給她，讓她吃盡豆腐，佔盡我的便宜！

＊最糟糕的是我還讓她當我的董事？總共才五席，她與她的朋友就佔了兩席！這下我們做什麼都像是有個人在旁邊監視似的，像是用濕手去沾麵粉，甩都甩不掉，

眞是煩惱呀！

＊我的弱點就是沒能在事前如何分辨「鯊魚」與「海豚」的區別。我還以爲她是「救難海豚隊」；沒想到事後才發覺她根本是「嗜血鯊魚族」！我還以爲她是雪中送炭；沒想到她竟然是趁我之危！竟然還騙我說，除了她們以外，其他投資者除了錢以外都沒有什麼價值，所以她爲我另外找了一批她的同黨，這些同黨當然一鼻孔出氣，價錢殺得一塌糊塗，連技術股都多了許多限制條件。早知道我就不找她當什麼 lead investor（主導投資者），在我看來，這個女人根本是就是 lead price-cutter（主導殺價的人）！

＊現在公司上軌道了，更多的投資者上門來，人家給的價錢比當初高了一倍；而且與他們一談之後，我才知道原來她就是創投出名的殺手級人物，怪不得我會栽在她手裡……想到她擁有我們這麼多股份，我就愈想愈氣！尤其是公司的員工認爲我當初答應她的那些條件，不只喪權辱國而且還犧牲了很多員工在股權價值上該有的權益。當初怎麼會瞎了眼睛拿她的錢呢？還給她這麼多的股份！眞背！

＊更氣人的還在後面，她投資了，佔了便宜以後就不太來我們這裡坐了，不要說每個月的經營會報不來，連董事會都派個小弟來充數；說到這個小弟我更有氣，說是國外回來的ＭＢＡ，又說是在臺灣資訊業做過幾年的產品經理什麼的，原來以

爲是來幫我忙的，沒想到根本是來找我麻煩的！不幫忙也就罷了，每次開會都會放炮！這小子自以爲什麼都懂，會計報表也找得出毛病，產品的 road map 他也有意見，連我們新開發的技術他也有做過產品經理的經驗？怎麼可能！看起來不管我們說什麼、做什麼，他都懂；在我看來不過就是書生之見，懂個屁！找麻煩誰不會？搞得每次會議都像是我在跟他報告似的，究竟是他董事長還是我董事長呢？只不過是有幾個臭錢投資我們，怎麼就變成我在幫他打工似的！最氣人的是這個年輕人態度也不好，說話衝得很！這公司是我的耶，一副他投資者最大的屌樣，看就惹人氣。

＊當初這個「嗜血鯊魚女」也沒有說過投資以後的ＡＯ會換人的呀！怎麼搞的嘛；創投在投資時候想要爭取投資、想要殺價就來一個貌美如花的「鯊魚女」，等佔了便宜以後又換個狠角色的「肌肉男」來找麻煩？創投人多勢衆來個車輪戰，我們怎麼搞得過這些人呢？

＊我今天才體會到，創投都不是好人，早知道就……咳，不提也罷，實在是後悔莫及。

創業者恩將仇報？

當時我一聽這個人説這種話我就一肚子氣！過河拆橋也就罷了，竟然還歪曲事實！我將眞實情況説給諸位同業聽，大家都是明白人，一聽就懂，不會像這個豬頭一樣，好心没好報！

先說第一次見面吧；

想當初，我剛接觸到這個案子的時候，根本没有人有任何興趣投資他們！雖然很多創投上門，可是大家都是試探消息的，每家雖然都説有興趣，也不過是場面話而已；這個傢伙傻不嚨咚的，竟然聽不出這些創投都只是禮貌上的敷衍而已，没有人眞的想投資他們！只有我慧眼識英雄；不對，用過就反悔，屁個英雄！

當初他的困境實在可憐；

當初是他一副苦瓜臉，告訴我他的公司技術開發到一半，試產也剛開始，需要五千萬元才能夠撐下去，又説原來的技術人員已經離職，所以他自己要「校長兼工友」，身兼數職忙不過來，要我幫忙他處理增資的事情；我實在是心軟，經不起人家的哀求，又是個大男人，苦不啦基怪可憐的，所以只好幫忙聯絡一些創投好朋友一起來分憂解勞共襄盛舉。人家看了以後當然要殺價嘛，他第一次創業，凡是自己的都自認是寶，哪有公司還沒有開始收入就想要這麼多的技術股？價錢喊得比天還高，要不是我利用私人情誼請朋友幫忙，人家才答應一起投資，只要求他稍微減價意思一下就好了；沒想到這個殺千刀的竟然恩將仇報，說我佔他便宜？其實根本是我看他可憐、我心軟，還不知道誰佔誰便宜呢！

再說我們派去的AO吧；

人家好歹也是在資訊業工作過五年的青年才俊，學歷顯赫不說，資歷也好，我是看這個豬頭公司已經度過難關，開始要起飛，所以需要一些有經驗的人來幫忙，避免犯錯。經營企業你我都知道，最難的就是要避免犯錯，所以我才向公司爭取了好久，好不容易才讓老闆同意把青年才俊找去當AO；我是為他好，他不承我人情也就罷了，還說我們是故意換成狠角色的「肌肉男」來找麻煩？恩將仇報莫此為甚！

這些創業的人都是一個樣，比我們創投還會變臉！

當初他們需要錢的時候，態度何等客氣？不管你說什麼，他都客氣地說：「多謝指導」；你打電話吧，不到兩分鐘必然回電；你約他討論事情，總是第二天就可以來你這裡拜訪，隨傳隨到；萬一你上個會議延遲結束而遲到了，即使讓他等個三十分鐘他也還是面帶微笑，絕不會有不高興的顏色。

現在呢？錢一拿到手，臉說變就變了！

你給他錢，幫他找到錢，把最好的AO派去幫他的忙，還義務地參加他每個月的經營會報，當他免費的顧問。好不容易他上軌道了，公司開始有收入了，這時候他也變了，不要說禮貌了，連電話都不會馬上回；現在不要說請他來公司坐了，連你去他那裡看他都要讓你等個十分鐘以上才會出來，我就不相信他這麼忙？約他吃個飯談談進度吧，左約右約，老是要到星期五中午才能有空！

我看這些創業老闆才是翻臉如翻書，錢到了他口袋裡面以後就變了個嘴臉，跟書上寫的上了床以後就不認帳的一夜情男主角沒個兩樣！（別誤會，我可沒有這個經驗喲！）

「變臉」的作者最後寫了一段話當作結論，讀起來更讓人心悸，她寫著：

既然我好心沒好報，既然這個豬頭不識好人心，我決定從此以後扮演眞正的、名至實歸的『鯊魚族』，我就是要讓他看看什麼才叫作鯊魚！生吞活剝給他瞧瞧厲害！

海豚、鯊魚，變變變！

傑夫看到網站上這封署名「變臉」的信可眞是熱得很，一連好幾頁的討論、回應都是繞著投資者與創業者的互動與關係打轉的，情緒性的言論不少，其中也不乏有特殊見地的意見，尤其是另外一位署名「雌雄同體」的文字更是有趣，看來這是個男生吧，他是這樣寫的：

我是雌雄同體，我的雌或雄、善或惡都是隨著經營者對我的態度而變。

有人說創投是海豚，有人說創投是鯊魚，其實在創投界裡面的海豚和鯊魚不是分開的，而是「雌雄同體」、「一體共存」的。

只是我們會隨時改變而已。

問題是造成這個改變的原因不在我們手裡，而在創業者（經營者）的手裡。

經營者想把我們「由海豚變成鯊魚」或是「由鯊魚變成海豚」完全看他們怎麼想、怎麼做。

只要經營者的作風讓投資者感覺有異，我們瞬間就感應到經營者的改變而自動變臉了！

舉個極端的例子來說，當公司業務改成透過經營者自己的小舅子來做，公司的採購改成透過經營者私人在外面自己另外開的公司轉手；只要他敢作，我們遲早會知道！因爲這家公司所買的東西老是比別人貴，銷售通路老是由某人經手；這些都指出經營者有了私心，甚至於操守都可能出了問題……只要風吹草動，我們馬上轉身一變，變成以自己利益爲最高優先次序的嗜血鯊魚！變成以保護自己的權益爲優先的禿鷹族！

有人或許會懷疑，我們能夠怎麼做？其實很簡單，因爲經營者遲早需要增資、需要幫忙，或者公司總會碰到一兩次度小月的時候；只要你流出一滴血絲，這個時候就是鯊魚反撲的時候了。

在我看來，投資者終究只是個投資者，企業是創業者的舞臺，不是投資者的舞臺，掌握權當然在經營者手裡。倘若經營者正本務實、好好經營事業，我們當然樂於助人，當個快樂助人的海豚隊；相反的，如果經營者動歪腦筋，盡把好處往自己口袋放，我們怎麼可能當散財童子呢？

問題的關鍵在於經營者是否存心不良，這才是決定我們成爲海豚或是鯊魚的關鍵。創業客人請注意！變臉的關鍵在你們手裡，不在我們這邊。

應無所住，而生其心！

傑夫看了這幾篇文章後感觸很多，乾脆剪貼下來以e-Mail的方式送給達利的同仁參考，同時選定這星期五中午來談談這個「變臉」的主題。

時間一到，大家快速坐定，因爲題目很有趣，加上先前已經看過傑夫所剪貼的麻辣的、充滿爭議性的內容，所以大家的心情都帶著幾分興奮。

「這些創投與創業者的認知差異是怎麼來的？」畢修一開始就拋出個問題，而且規定每個人都要答一句話。

傑克搶先回答：「我先講，不然被別人先說就慘了！因爲『利害衝突』，我們想在公司賺錢後獲利走人；可是創業者想要找的是能夠長期廝守的投資夥伴！」

米爾肯也舉手：「因爲我們要的是『利潤』，經營者要的是『舞臺』，所以對於我們的協助，他們以爲是干涉！」

羅絲也趕快說了一句：「你們說過，經營者是演戲的主角，我們只是拿錢看戲的觀眾，兩者本質上就不同，怎麼可能一致呢？」

傑夫在旁邊點點頭，半開玩笑半正經地說：「理由都給你們搶光了，我找不出新的理由，情願認罰！」

一聽這話大家高興極了，傑夫罰錢事小，要他承認找不出新方法可就很難得了！

傑夫等大家笑鬧過後，才慢條斯理地說：「可是我想的是，如果創投與經營者基本上就不同的話，我們要怎麼調整自己的心態？又要怎麼幫助經營者調整心態？不要本來雙方有緣分才合作、投資的，結果卻像網站上面『變臉』所說的，『善緣』到最後反倒變成了『怨偶』，豈不是有些讓人傷感嗎？」

畢修開玩笑地說：「哇！『禿鷹心、絕情人』的傑夫今天怎麼突然感性起來？你就快招來吧！」

畢修這一調侃，大家忍不住回頭看著傑夫，想笑又不好意思笑出來，看來也只有畢修敢這樣開傑夫的玩笑吧？！

傑夫雖然也跟著笑，可是卻一本正經地說：「我在想的是當創投雖然是在錢堆裡打滾，難道我們就很難交成朋友嗎？記得我們上次談過的創投角色論，我們不是鼓勵自己成爲創業者的顧問、朋友和夥伴嗎？如果基本上雙方是互相牴觸的話，要想當創業者的朋友豈不是有些緣木求魚了嗎？」停了一下，又說：「那創投的生活豈不是很慘了？我們自以爲是，結果卻有些自欺欺人……所以我想的不是『爲什麼』（why）的問題，我想的是我們應該『怎麼做』（how）才對？」

這個題目就嚴肅了，大家一聽都沉靜了下來……

畢修一看氣氛有些沉悶，故意笑著說：「既然當創投，就是在玩錢的遊戲，賺錢是我們最重要的任務，其他的順其自然吧，**得之我運，不得我命**！依我看來，能不能與創業者交朋友本來就不是我們應該期望的，能夠交到朋友算是運氣好；交不到也是應該的！與錢打交道的人還想在錢堆裡面找朋友？那不是過分奢求嗎？」

大家一聽覺得也頗有道理，可是若眞是這樣的話，創投的生活豈不是有些乏味嗎？

畢修語不驚人死不休，突然問了負責財務與公司法令的愛麗兒一句話：「創投屬於特種營業吧？」

愛麗兒楞了一下：「嗄，什麼？」

畢修正經地說：「創投在申請成立的時候不是與一般公司行號的申請不同嗎？不是要經過特殊核准程序嗎？」

「是呀！」

「這不就結了，創投本來就是特種營業嘛！」

「so？」這種無厘頭的問題只有畢修問得出來，所以沒有人接得下話，只好望著畢修，靜候他接下來會說什麼了。

畢修輕鬆地說：「既然是特種營業，你可曾在特種營業裡面看過彼此談『感情』的？交過眞心朋友的？」

這下大家聽不下去了，創投怎麼成爲特種營業呢？比喻得不倫不類！大家不約而同想出聲辯駁，沒想到傑夫竟然點點頭，很正經地搶先接口了：「我聽懂了！特種營業裡面交易的是錢，我們當創投的交易也是錢，兩者都是在錢堆裡打滾的；特種營業談感情、交朋友的不是沒有，卻是鳳毛麟角，可遇不可求！所以畢修是說在創投裡面也是如此，**不能交朋友是必然，能夠交朋友也是可遇不可求！**」

畢修笑著說：「這就對了，可是我的看法不只於此！」

「哦？」這下連傑夫都非常訝異了，一副「怎麼？我解釋的不對嗎？」的表情。

畢修故作神祕地說：「我記得上次到你家，你家裡牆上不是掛了一幅星雲大師送的親筆字？內容是什麼？」

「那是我家，我當然知道，是《金剛經》裡的一句話：『應無所住，而生其心』。」過了幾秒鐘，傑夫突然笑了起來：「哈！了不起，佩服佩服！」

大家不知道是怎麼一回事，看看畢修，又看看傑夫；畢修說：「我是借《金剛經》的兩句話來解釋創投的生活，**雖然我們所從事的行業是在錢堆裡打滾，也不太可能在這個與錢打交道的世界裡面、在彼此不同立場的世界裡面想要交到什麼眞心的朋友；可是我們也不必被先入爲主的觀念綁住了！**

我們該做的還是應該盡力去做，該好好地提供顧問的還是盡心盡力地做，該幫助創業者的還是該幫助，我們一切但求無愧我心；至於能不能交成朋友，創業者會不會不識好人心或對我們有所誤會？我們都不應該因爲這樣而改變我們的作法與心態……」

這會兒大家都懂了，會心地一笑；而也沒什麼好再談了，畢修宣佈會議結束，大家走人做事去！

傑克走在最後，看他的眼神舉止，似乎還是有許多想法，畢修因而拍拍他的肩膀，問道：「老弟，怎麼啦？」

傑克支支吾吾地說：「如果眞的照你這麼說的話，創投生活豈不是很乏味嗎？我當時來當創投本來還抱著一些期望，希望可以與創業者共同築夢，共同創造新的事業領域呢！照你這麼一講，豈不是讓創投生活變得很現實、很乏味？」

畢修聽了，看看傑克：「我問你，我們所投資的公司經過『成人禮』以後，你會不會選好的時機賣股票？」

「會！」

「如果經營者拜託你不要賣，你會不會聽他的？」

「不會，該賣的還是要賣！」

「這不就得了！還擔心什麼？當創投的要學學傑夫才行！」

「嗄？什麼意思？聽不懂欸……」

「忘了嗎？他的座右銘就是：No Passion!（不要帶私人感情）這就是創投的生活，You've got to take it or leave it（要就接受，不然就走人）知道嗎？」揮揮手走人了。

傑克一個人楞在哪裡……

後記

一、聽說這個「VC惘」因爲風聞這本書要出版，版主怕麻煩上身，所以已經關站了；創投的麻煩事還嫌太少嗎？何必自找苦吃呢！

二、還聽說傑克沒多久就離開創投，原因不詳，只知道他去了一家位於湖口的公司，並且由基層做起，聽說做得很不錯，因爲他懂的多，工作努力，所以很獲得老闆的賞識。又聽說傑夫三不五時會去看看他，還曾經勸他回創投，可是傑克似乎對創投已經死了心，傑夫一連開口了兩次，他就是不肯再回創投了，難道他眞的被隨時變臉的生活嚇到了嗎？誰知道！

5

交差難

怎麼老是碰到沒緣分的創業者

什麼樣的經營者是投資者的最愛？

什麼樣的經營者會讓投資者心甘情願地把錢拿出來？

又是什麼原因讓投資者退避三舍呢？

不管是什麼原因，可以確定的是，最近一年來，

創投每天碰到的幾乎都是沒緣分的創業者！

【前言】

有些創業者像是明星，被投資者追著跑；可是有些創業者怎麼看就是沒有「投資緣」，到底原因何在？是個人因素所致？還是趨勢變了？

是個別因素嗎？什麼樣的經營者是投資者的最愛（Apple of Investor's eye）？什麼樣的經營者會讓投資者心甘情願地把錢拿出來？又是什麼原因讓投資者退避三舍呢？

你別看投資者說話、做事都是一副信心滿滿的樣子，彷彿一切都在掌握中，其實投資者內心既怕失去好案子，更怕虧錢，尤其是最近「踢鐵板」的公司這麼多，所以投資者已如驚弓之鳥，不但怕掉入創業老闆的陷阱，更怕被自己的眼睛與情緒給騙了……

不管是什麼原因，可以確定的是，最近一年來，創投每天碰到的幾乎都是沒緣分的創業者！

本來創投的工作就充滿了爾虞我詐鉤心鬥角，難幹的很，現在再加上每天碰到的創業者大部分都是屬於不能投資的案例的話，豈不是天天做虛功……哪創投的日子不是更難過了嘛！

【故事主角】

友朋創投L總經理、H副總經理

多年以來，達利很喜歡與創投界的朋友交換意見和投資心得，並且會把許多創投的私房祕笈整理成爲《達利教戰守則》……所以達利與許多創投同業一直有很頻繁的交往，也經常找創投同業朋友聊天。

尤其近來與創投產業密切相關的資本市場和產業經營的變動非常大，許多遊戲規則與以前都不一樣了，加上創投所投資的公司所需要的協助種類繁多，往往無法由一家創投獨力完成，所以創投跟創投之間的關係產生了許多的「質變」。

過去創投與創投之間屬於競爭態勢，彼此間雖然有些往來，但總是像兩隻刺蝟抱在一起互相取暖似的，你防著我，我防著你；然而最近情勢的轉變讓創投業者深切了解到過去單打獨鬥的方式必須有所修正，今天的創投業者必須和其他同業共同合作才能提供創業者更符合實際需要的協助，更重要的是透過合作才能補足自己對投資案件的盲點；只要是創投的從業人員，都可以感覺到這個情勢的改變，雖然表面看不出來，但實際的作法轉變卻非常明顯……

今天又是個「有方向聊天」的好日子，達利和友朋這兩家創投共四個人便開起自家的「私房會議」來了。

等雙方坐定，寒暄兩句以後，友朋創投的L總經理以帶著疑問的語氣開門見山地向傑夫與畢修問道：「聽祕書說今天我們的談論主題是：『拒往戶面面觀』？你們怎麼會想要談這個題目呢？聽說達利有個『拒往戶』的條件，把不適合投資或很難投資的分門別類地都一個個地列出來，你們是按表操課囉？創業者只要符合你們『拒往戶』的條件，就等於是被達利宣告死刑嗎？」因為雙方都熟識，L總經理的語氣難免有些玩笑的意味。

傑夫一聽，忍不住哈哈大笑，「哪有這麼嚴重？我們只是碰到一些投資個案想與貴寶號討論討論罷了；尤其是最近創投業似乎起了很大的改變，過去很多**明確的事情現在都變得不太清楚，過去必然成功的案例竟然也會踢鐵板**，所以我們想要請教你們，有沒有碰到相同的情形？你們又是怎麼面對的？」說著說著，傑夫看看L總經理與H副總，緩了一下語氣接著說：「彼此交換一下看法而已；這樣雙方將來比較容易合作嘛！」

畢修接著補充：「是啊，自從幾年前達利把晶捷從美國搬回臺灣以後（見《微笑禿鷹》商智出版社），許多公司都循著相同的路希望從美國搬回臺灣，或是想在臺灣找資本然後到大陸發展；可是並不是每家公司或創業者都適合搬回臺灣，有些人搬來了也是麻煩一大堆。奇怪，以前矽谷搬回來的人都比較一致，雙方也比較容易談得攏；可是最近矽谷回來的人增加不少，可是好的案例相對上似乎愈來愈少，到底是我們自己變了？還是創業者變了？所以我們想找你們一起談談……乾脆把我們兩家過去所經歷過的現象一個個地列出來，彼此學習學習嘛！」

H副總看看三人，點點頭：「說得爽快！互相切磋而且教學相長，我們樂意之至！但如何開始？」

傑夫建議說：「我們從創業者面面觀開始如何？由我們碰到的創業者描述起，先把我們不願意投資的創業者列出來，然後再看看原因何在，是他們的問題？是我們改變習性了？還是大勢改變使然？你說如何？」

H總點點頭，「這倒是很實際的作法，先來個『拒絕往來戶』素描，然後再歸類，高明高明。」

L總經理也點點頭，看來這個方法不錯……不過他接著眉頭一皺，「哇，這樣會不會有壟斷的問題？萬一我們列出不願投資的『拒絕往來戶』，人家知道了以後向我們索取這些內容呢？要是大家傳開來，會不會對我們兩家公司有不利的影響？說我們太霸道了？」

「這倒是一個好問題！」傑夫和畢修互望了望。「嗯，的確是個顧慮，不過我們換個角度來看，如果說創業者有一些問題，不論我們稱之為『迷思』或『症候群』，把這些列出來供創業者參考，倘若創業者能夠因此而改變，是不是可以讓一個本來找不到錢的案例變成一個很好的投資案例呢？你不要從負面看把它視為黑名單，把它視為鼓勵、提醒大家避免犯錯的針砭，對整個投資環境應該還是正面積極的，這還有教育指導的功效呢！」傑夫說。

一聽這話，L總經理就笑開了：「你們兩個人眞會『幺』耶，怪不得大家說達利的兩位朋友就是會說話，不管怎麼樣你們總能說出所以然來！也罷，說是黑名單也好，說是積極鼓勵、或是提醒大家避免犯錯也可以，反正創投的人就是靠著一張嘴巴吃飯的！開始吧，要怎麼進行？還是跟上次一樣你來我往，輪流一方講一個症候群，等到江郎才盡，說不出話的一方就負責分析、把脈以及診斷原因了！」

你說一個，我說一個，這最符合創投合作的條件：「give-and-take」，有來有往，誰也不吃虧！創投界裡面交情歸交情，生意歸生意，基本的「有來有往」的合作原則還是要顧慮到；不然就像是「黃瓜打鑼——一槌子的買賣」，如果有一方老是佔便宜的話，是沒有人願意繼續與他打交道的。

拒往戶一：一夕致富

傑夫聽了笑著開始：「上次記得是你們請吃飯，我們佔了便宜，這次可要給你們一個平反的機會了……我們就笨鳥先飛，拋磚引玉囉？畢修，你先提一個吧，在我們的案例中，你認為最難打交道的創業者是哪一類？」

畢修故意翻開筆記本，假裝一副搜尋的樣子，其實心中早已準備好了說法，頗有些感慨地說：「一夕致富的迷思是讓人最難以接受的，也是最難處理的。」

「哦？你所謂的一夕致富型，指的是什麼？」L總經理問。

「很多創業者創業之後，眼裡看見的都是股王聯發科，認為自己大概三年之後就可以做到聯發科的規模。這些人的如意算盤是這樣的：公司設立之後只要技術達到相當水準，業績就會隨之而來，大概一年左右產品就開始出貨；出貨以後一路順利，第二年客戶群可以從一家增加到五家，到兩年半後就大量出貨；大量出貨以後因爲成本降低，人力精簡，所以毛利率（gross margin）可以高達五〇%，最差也有四〇%以上；這四〇%再加上市場佔有率逐年增加，在比其他競爭者的產品優良的情況下，應該很快就可以掠奪整個市場的一〇%，於是公司到第三年左右就開始賺錢，過去營業所累積的虧損就可以打平；第四年就準備賺大錢；等到第四年底的時候，每股獲利盈餘應該超過聯發科，然後就可以順利上市、上櫃。獲－利－了－結！」畢修以一連串誇張的語調形容著，惹得大家笑聲連連。

「這倒是一帆風順的想法耶！現在沒有這種機會了啦！」H副總搖搖頭，有些自言自語：「即使那些檯面上的成功公司，哪一家眞的是一帆風順的呢？我看絕大多數公司都得經歷過幾回風風雨雨、度小月或是不景氣的挑戰吧？何況現在任何產品都比以前複雜得多，整合不易，要想一炮而紅？難耶！」

傑夫補充說：「沒錯，創業者這種一切都是美好的假設是我們最害怕的！這些人的心目中認定一夕致富是必然的，因爲他技術好，所以整個公司可以一帆風順，這樣的心態讓他們忘記公司在整個成長過程其實存在很多『眉眉角角』和挑戰，這些挑戰都需要很多的經驗和知識，甚至很多運氣來克服；可是他們眼中只看得到股王的風光，卻忘了這些公司當初也經歷過許多的挑戰……」

「從達利的角度來看，認爲這種一夕致富的人心態上比較不健康囉？」H副總繼續問。

畢修點點頭，「當然有夢最美，但若是心裡想的盡是這種一夕致富的夢，至少會讓他們在很多作法上比較不實際！」

傑夫補充說明：「恐怕不只這樣！有這種一夕致富心態的人心理上沒有準備，相對而言比較脆弱，一旦碰到經營困難的時候比較容易怨天尤人。我們所擔心的倒不是他一夕致富的心態，怕的是因爲這種心態致使他整個心理疏於準備，一遇上困難，團隊士氣很容易因爲經營者缺少相關經驗而受到影響。」

「說的好！」友朋創投的兩位夥伴以及畢修都點點頭；達利的第一個迷思案例算是過關了。

拒往戶二：唯我獨尊

「那你們呢？你們認爲哪些人屬於『拒往戶』（拒絕往來戶）？」畢修問。

「我的『唯我獨尊』對你們的『一夕致富』！」L總經理說。

「這是什麼意思呢？」傑夫問；畢修雖然一面在翻著他的筆記，一副在搜尋下一個迷思的樣子，其實兩個耳朵是豎起來在仔細聽的。

「所謂的唯我獨尊，就是創業者認爲自己的技術是最厲害的，總是炫耀當年勇，譬如：『過去我在某家公司負責技術架構規劃人（architect）』啦；『累積了幾年經驗，三、四個創業者加起來將近一百年的經驗』啦；**尤其是美國矽谷回來的創業老闆最容易有這種情結**。技術上看來他們是有許多獨到的見解與經驗，可是要說到創業嘛，需要的就不只技術一項了，創業要成功，就像剛剛你們所說的要經歷過許多『眉眉角角』的磨練才行……像這種唯我獨尊的創業者，會因爲自己技術好就信心滿滿，我們對這樣的創業老闆也很害怕！」說著說著，L總經理縮縮身子，強調心裡害怕的程度。

傑夫愈聽很好奇，「L總，你要不要舉個過去的例子呢？」

「噯，我們以前就碰過一個開發手機相關技術的團隊S，該團隊都是從A公司出來的，沒錯，A公司的名氣是很響亮，所以他們總認爲自己最了解整個手機的市場，簡報的時候眞是信心滿滿。我承認S團隊在華人研究手機的所有工程師裡面算是不錯的，不難理解他們爲什麼會有這種唯我獨尊的心態；尤其每當我問他們有關於技術關鍵以及挑戰的問題，他總是這樣回答：『哎呀，沒問題啦，這東西我們早做過了，安啦！』事實上他們愈這樣說，我愈不敢安心哩！」

「哦？爲什麼？」傑夫追問著。

L總經理看看傑夫，搖搖頭：「欸，你這是明知故問嘛！最大的問題就是他認爲自己技術好，所以不需要人家提供任何幫助，甚至還認爲給你投資是看得起你呢！所以投資者不管提供什麼樣的幫忙，他都不會懷有感謝的心；他根本不認爲自己需要幫忙，對他來說只要給錢就好！對了，順著這個話題我可以再加一個迷思：『只要給我錢就好！』這樣我們算一次交差兩個迷思了吧！」L總經理開玩笑地說。

畢修笑著說：「喔，你倒一魚兩吃！不過言之成理就是！」

傑夫注意到都是L總經理在發言，旁邊的H副總已經乾坐了好一陣子，怕冷落了客人，所以轉頭對H副總說：「H兄，你碰過這樣的創業老闆多不多？」

H副總微微笑了笑，點點頭，「要說多也沒有特別多；但是像前一次那個MS公司就讓我有類似的感覺。表面看來，他們這樣想也沒有什麼不對；可是卻犯了以偏蓋全的錯誤。一個企業要成功，所需要的資源除了錢以外，最重要的是要面對『行銷』的阻礙，『行銷上的進入阻礙（entry barrier）往往會抵銷技術上的領先』，有時候我都還會以此勸戒我們已經投資的公司呢！據我所知，現在很多系統廠商都會因爲創業者是小公司而不敢用他們的產品。」

傑夫點點頭，「H副總，你剛剛提到的行銷障礙，主要原因在哪裡？」

「我想主要有兩個理由，第一，大公司都怕小公司以後有個什麼三長兩短，或是成長空間有限，萬一使用初創公司的新產品後卻發現初創公司的規模太小，跟不上競爭腳步，這豈不是被卡死了嗎？第二，萬一初創公司的產品可靠性還未經過驗證呢！第三，初創公司規模都比較小，萬一產品出問題以後『賠不起錢』呢！所以我問過很多大公司，它們都不敢輕易使用初創公司的新產品。然而初創公司的創業老闆們根本不知道大公司有這種顧慮，還以爲自己技術好，產生唯我獨尊的心態，結果往往花了很多時間還打不進市場；本來在技術上領先好幾個月的，也因爲市場拓展不順利而錯失好光景……」

聽了H副總的說明，大家點點頭，深以爲然！

「說的也是！」傑夫立即附和，「畢修，你記不記得以前有一家做類比（analog）的公司，不是也頗有名氣，該公司在技術上確實比臺灣一些系統公司的客戶來得強；不過也是因爲唯我獨尊的心態和客戶之間產生一些爭執……」

「我當然記得！」傑夫一提，畢修馬上便想到那家公司了，「聽說這家公司每次與客戶見面都在教客戶怎麼做，甚至習慣於教訓客戶的技術人員。這家公司認爲自己最了解類比IC；搞到最後，客戶雖然都承認這家公司的設計能力好，可是就是不願意採用該公司的產品，有誰願意被供應商教訓呢？大不了我不用你的產品就是了嘛！這又是另外一個行銷障礙吧？」畢修說。

L總經理以做結論的語氣插嘴道：「照大家這樣說來，『唯我獨尊』還可以分成兩類：一類是我所說的自以爲技術好，其實只是過度膨脹而已；另一類則是技術眞正好，卻因爲唯我獨尊的心態而失去和客戶打交道的耐心，終於還是失敗了。」

畢修接口：「沒錯！記得上次我們關係企業的一個部門要求一個供應商改一些規格(spec)，結果與該供應商溝通了半天，可是供應商的設計人員就是不改，反而告訴我們系統要求的規格是錯的，他的IC設計並沒錯，所以該部門被逼得決定更換供應商；現在願意配合更改規格的公司太多了，你不願意，別人願意啊！我想那個供應商的技術人員也是因爲這種唯我獨尊的心態，認定技術上他是對的，沒想到反而因此誤事。」

傑夫看到討論漸趨熱烈，非常高興地說：「對，我們把這些『拒絕往來戶』的素描寫下來，然後訂個小冊子，告訴創業老闆們避免犯這些錯誤。」

畢修開玩笑地回應：「這對我們有什麼好處？我們不必教他們，更不要出小冊子；站在競爭角度來看，我們反而應該讓其他創投競爭者把錢丟到這些案例上，讓他們消耗一些資源嘛……」

大家聽了畢修的話忍不住哄堂大笑，頗有惡作劇的快感。

L總經理看見自己的話題引起迴響，興致更高了，因而又舉了個例子：「唯我獨尊不就像是《莊子》一書所謂的『天下之美盡在己』嘛！記不記得六、七年前我們看過美國一家做顯示技術相關的公司N？你們記不記得當時N公司號召了多少第一流的技術人才？這些高材生都是video領域裡面的一時之選，所以當時的N公司聲勢浩大，聽說他們前後募得上億美金吧？當時是最具上市冠軍相的公司；後來呢？公司技術好反而造成公司內部山頭林立，似乎也沒有做出什麼好產品來，結果不但公司最後沒有上市，還弄得分崩離析，幾個創業者吵翻天，最後只好分家，分出了好多公司來。同理可證，如果整個創業團隊裡有好幾個人都有這種『唯我獨尊』的本領與想法的話，大家互不相讓，這樣的團隊遲早也會出問題的！」

拒往戶三：喫碗內，看碗外

「該我了！」傑夫揮揮手，「我講一種迷思叫做『喫碗內，看碗外』，有時候我們也把它解釋為『腳在臺灣，心在美國』。」傑夫邊講還邊把身體躺平，似乎真的腳在臺灣，心在美國似的。友朋創投與畢修一聽都笑了起來；這個是新的名詞，所以紛紛要求傑夫解釋。

「所謂的『喫碗內，看碗外』，就是創業老闆們已經拿到一些錢，可是老是抱怨別人的條件比他差，可是拿到的條件卻比較好、價格比較高、別的投資者比較寬厚……總歸一句話：他當時創業的條件是最委屈的，拿的錢最少，最吃虧的。唉，當這類創業老闆的投資者可有聽不完的抱怨了；萬一創業老闆的進度有些落後，投資者還不能責備他，因為投資者一表示意見，創業老闆還會大吐苦水，盡是抱怨他當時所接受的投資條件是多麼的委屈，一副現在沒有做好是應該似的。我最怕的就是碰到這種投資者，投資他反而像是欠了他似的。

另外一種類似的創業老闆是『腳踩在臺灣，心在美國』，在他而言，到臺灣來創業實在是被環境所逼迫，心裡老大不願意，所以經常會聽到他抱怨美國的投資環境如何好、技術股如何多等等，對他們而言，到臺灣來創業眞正一副吃虧的樣子。

我們都知道，現在的投資環境與過去完全不同，現在美國的創投業者所投資的項目已經改變許多，尤其是與製造、晶片設計、多媒體應用相關的題目都很難再找到投資人；而這些工程師也知道留在美國創業難如登天，回到臺灣也許還有創業的機會，所以大家只好回來臺灣找錢。但是有些創業老闆在心態上還是不認命，總覺得在臺灣找的投資者所開出的條件讓他們受委屈了，即使跟臺灣的投資者談成條件了，也還是不得不接受的心態。有些人整天還在想過去 founders shares（創業者的技術股）佔公司股權四〇%至六〇%的美景；一回到臺灣，技術股的行情卻只有一〇%到十五%，有部分的資金還得要從自己的口袋裡掏出來。這種創業老闆也是屬於難溝通這一『掛』的；他們老是認爲你吃他們豆腐，佔他們便宜。」傑夫一口氣說完；大家聽了不約而同地點起頭，看起來每個人都碰過這樣的創業老闆了。

傑夫喝口水繼續說：「在我們的經驗裡，這種想法實在是一種嚴重的『迷思』，很難處理，因爲他們都會有種不安分、不認命的心態；就像剛剛所說的，只要公司稍微有些風吹草動，或者進展稍微有點不順利，他們就會有意無意地提醒你他受到了委屈；公司進展不好，他更有藉口了：『你看，You pays peanuts so you get monkeys! 你給的條件那麼微不足道，當然不能期望我幫你做到什麼程度！』若是公司進展好一點，他也有話說：『你看吧，我吃虧了，當時被你們佔便宜了！』唉，其實投資的條件本來就沒有改變過，臺灣都是這樣的！可是創業者因爲背景不同也出現不同的期望與反應，像這些老闆雖然他們手裡拿的、吃的都是投資者出的錢；可是眼睛看的、心裡想的卻都還認爲別人碗裏的比較香……這種創業者最難纏！我們不但要出錢，還要扮演心靈導師的角色呢！」傑夫有些有感而發。

L總經理嘆了一口氣，「看來要把技術人員從美國搬回臺灣，還眞沒想像中那麼容易！環境是差太大了嘛，每個人心態上也很難改變……」

畢修點點頭，「是啊，幾乎每個月都有人從美國回來臺灣找錢，可是眞正成功的案例卻少之又少，其中很多案例其實都已經談得差不多了，卻因爲創業者存有很多迷思以致我們不得不在最後關頭放棄投資。」

H副總充滿興趣地問：「你們當初沒有投資的這些人後來有眞正回臺灣創業的嗎？」

畢修回答：「你是想問他們後來有沒有拿到錢吧？其實臺灣的投資者大家的想法都差不多，我們有顧慮，你們還不是也會有顧慮，他們怎麼可能拿得到錢呢？」

L總也頗有感觸地說：「看來你們的情況與我們的類似，近來這兩年所投資的案例還是以臺灣本土的案例爲主；眞正從美國回臺創業成功的案例還是比較少些。」

「是啊，因爲美國團隊都聽過許多美國創業的條件；回到臺灣後，大家看到的都是技術股減少了，卻沒有想到臺灣整個產業環境不同，成功條件也不一樣。在臺灣創業，基本上是要顯現出公司的業績以後才有機會出頭；不像在美國那斯達克股市一片大好時，當初只要點子對，技術上有些突破，就很容易會被大公司購併……在臺灣初創公司被高價購併的終究是少數吧？我看被購併的都是經營不下去的公司比較多。然而創業老闆們沒有明察其中的差異，卻只是著迷於技術股的條件不同，反而讓創業者與投資者之間產生認知上的鴻溝而難以合作……」傑夫真的是有感而發，嘆了一口氣後又補了一句話：「到底是我們這些投資者的心態愈來愈難捉摸了呢？還是創業者的心態愈來愈難猜測了呢？」

談到這裡，在座四人不禁都有些感嘆。

畢修突然天外飛來一筆，說了一段話：「其實就像傑夫常說的，現在的創業者對現實環境有些『認知失調』，加上投資者有如『驚弓之鳥』，既怕丟了好案子，更怕賠錢、砸了自己的招牌；這兩種『認知失調』和『驚弓之鳥』要湊在一起，可就難『了』！」

當然，畢修臨時編的順口溜又搞得哄堂大笑！

拒往戶四：全壘打王

H副總經理挺挺胸，說：「我來說一個『全壘打王的迷思』。」

傑夫開玩笑地問：「喔，名詞愈來愈吸引人了！全壘打王的迷思？那有沒有安打迷思呢？」

「當然有！有全壘打王當然就有安打啊！只不過安打的迷思比較穩健，算不得迷思吧？！

先來段背景配樂吧！；你我當創投都好幾年了，每次我們談起美國的一些著名的創投，我們記得他們的是什麼？都只記得他們的成功案例吧？比如說當初的 Commerce One 的案例，我們也都記得在 Internet 領域成功的雅虎（Yahoo）案例吧！就拿日本某家著名的投資銀行來說吧，他們因爲投資雅虎而成名，據我所知，其實他們的投資績效並不是很好，可是有誰記得他們不成功的案例呢？再拿當初投資 Commerce One 成名的創投來說，後來聽說他們『摃龜』的案例也是一大堆，可是大家會不會記得他們失敗的案例？當然不記得！即使是創投本身也都是記得人家成功的案例多，記得失敗的案例比率少。你看看，連在創投界，大家看到的都是『全壘打』的成功案例；至於你失誤或被接殺，大家根本就記不得。所以不只創業者有全壘打的迷思，其實創投業者也有這樣的迷思。」H副總解釋。

傑夫一聽，笑著警告H副總：「哇，副總經理，你這一竿子打下來不但打到創業者，連投資者都打掉了啊？你這下可得罪同業囉！」

「投資者當然也有迷思呀，投資者的迷思才多呢！尤其是把技術從美國搬回臺灣的，我們大多希望他的技術水準最好與國際大廠不相上下，所看到的市場也不是那種小鼻子小眼睛的非主流市場，都是屬於主流市場（main stream），你想看看，作爲投資者的我們所期待的不也是創業者能夠一炮而紅、能夠擊出個全壘打嗎？

你說爲什麼我們會這樣期望？當然是爲了能夠既出名又得利呀！一旦成功了，誰都記得你成功的案例。再說吧，在這麼多創投業者中怎樣才能揚名立萬？假設你所有的投資都賺錢，年投資報酬率十五％，這種投資績效已經算不錯了吧？可是有誰會記得你的績效呢？大概只有你的股東記得，就算記得也只會記得半年吧，你有什麼可以揚名立萬的招牌案例呢？所以當創業者想從美國搬回臺灣的時候，我們也都鼓勵他打個全壘打，甚至當他告訴你現在只想打安打，因爲這樣比較穩健，你還會慫恿他：『安打多乏味！多沒勁！多沒志氣！我對安打的投資意願不高；你帶著技術回來，比一般人都強，當然應該打全壘打！』」H副總愈說愈激動。

「嗯，你這樣說，投資者倒成了罪惡的慫恿者似的！不過是有些道理！但是全壘打王的想法到底算不算是一個迷思呢？從投資的角度來看到底怎麼樣才對？我們要不要投資這種創業者呢？你們的看法怎麼樣呢？」傑夫順藤摸瓜，乾脆把這個問題揭開來討論。

在座的另外三人互望了望，思索了一會，畢修先開口了：「從我來看，現在整個投資環境要擊出全壘打的困難度實在是很高，就像我們剛剛提到的，現在公司成功的因素，尤其從美國搬回臺灣的公司，眞的走主流市場的話所需要的資源非常多，加上競爭者衆多，以初創公司的規模與準備到底能不能應付這麼複雜的挑戰？能不能拿到那麼多資源去打一場資源消耗戰？我看實在是不樂觀！加上我們剛剛所提的行銷市場的挑戰、人才的心態調適等等，所以我認爲全壘打這種心態還是能免則免吧！我個人還是偏好打安打，若是偶爾不小心因爲風向對而揮出一支全壘打，那也是命好，而不是一開始就準備揮全壘打的。」

「照畢修這樣說來，達利比較喜歡安打囉？」H副總轉過頭來問傑夫。

「嗯！從我們的角度來看，我想還是安打比較合適吧！安打至少可以步步爲營，穩紮穩打。現在整個景氣雖有起色，終究依然存在許多變數，我們對成功的關鍵因素還不是那麼有把握，所以這時候還是『play safe」（打安全球）』比較好些，慢慢摸索，等到我們摸索出成功的條件再來做全壘打的準備吧？我的意思是我們並不排斥全壘打王，但是目前還是以安打爲主要訴求，穩紮穩打比較妥當，至少先把我們的投資報酬率提高，先立於不敗之地；至於全壘打，那就可遇不可求了。」傑夫看看H副總和L總，補充說道：「不過話雖然這麼說，我們雙方既然要合作，在這個主題上總必須取得共識，不曉得你們的看法如何？如果說全壘打王是你們的『夢中情人』的話，我們當然可以另外再討論。」

L總經理看看傑夫和畢修，再看看自己的夥伴H副總，然後點點頭，「我們現階段也是避免全壘打王得好。」

H副總突然想起什麼，正經八百地提出問題：「等等！如果我們以安打爲主，有一種生意像ＶＡＲ（加值型經銷商，Value-Added Reseller）一樣的案例，它們的成功是要花時間慢慢累積的，每天都有些進展，像這樣的案例你們投不投？尤其像美國很多應用軟體公司大部分都轉爲服務型公司，提供應用服務（application service）爲主，例如前一段時間矽谷一家叫做R的公司吧，該公司主要業務就是幫財務機構做應收應付款的代收業務，類似英文所謂的『factoring』，該公司也做了兩、三年了，自己也開發了一些技術，當然都不是所謂的獨創性的技術，但是經驗累積以及口碑由執行面看來也是有些價值的，這類型公司光是這個領域的專業知識（domain knowledge）就有些價值；雖然目前業績還不好，一直虧錢中，但逐漸也有些進展。像這種公司搬回臺灣的話，算不算安打？你們興趣高不高？」

這一問，傑夫和畢修又是面面相覷，兩人稍略商量後，傑夫回答：「基本上這種VAR的生意型態必須有個前提，如果沒有達到這個前提，我想要我們投資會比較難。」

「哦？能夠讓你們考慮投資的前提是什麼？」H副總問。

「B-B-Q的前提！如果創業者是屬於這種加值性業務，那就需要比『氣長』，因爲時間是他的競爭對手；如果他還處在燒大錢的話，那是撐不久的，因爲資源不允許他從容地累積客戶群以擴大市場佔有率。像這種案例，都必須花很多時間讓客戶慢慢接受他的產品，尤其做的客戶如果是財務機構的話，通常都需要很長的試驗期，客戶要非常有信心以後才敢用他的產品；這試驗期可不是一、兩個月哩，而且牽扯很廣，每個客戶，上從總經理下到作業員，都必須知道他的作業方式才會用他的產品；因爲他切入（phase in）的時間非常長，如果再加上公司營運入不敷出，這個VAR可能會有問題……坦白說，這個連安打都算不上吧？！」

一談到生意，傑夫就變得非常敏感與實際了。

傑夫停了停，喝口水，讓友朋創投稍事思考才繼續說：「其實，如果像R公司所做的這種加值型業務，嚴格來說也是一種『慢性中毒的迷思』。他以爲「日起有功」，每天都期望有進展，可是實際上卻是入不敷出，吸收的比消耗的少，尚未經過損益兩平（break even point）的關卡，這種投資案或許創業老闆認爲自己有進步，所以有機會；可是我們卻認爲這毫無投資的價值，因爲既沒有安身立命的收入，更沒有 quantum jump（快速成長）的機會，要練功可以，但總不能餓著肚子練功吧！如果他連氣都撐不過去，除非已經有B-B（bread and butter）不然還是不必考慮投資吧？！」

「照你這樣說來，我們所說的這些迷思，實際上也不是絕對迷思，而是相對的吧！」L總想了一想，似乎有些結論。

畢修接口：「是啊，所有迷思都是相對的，隨著時間和環境而有所不同。現在是因爲整個成功的條件不一樣，所以才認爲創業者的一些習性是種迷思。就拿剛剛講的全壘打王迷思吧，如果是在以前網際網路（Internet）盛行的時候，大家都是一頭熱，那時候的投資者不就是搶案子嘛，反正後面都會有人繼續出錢，公司只要撐個幾個月就可以賣給亞馬遜（Amazon）或是雅虎，馬上就撈一票，哪有什麼迷思的？愈是全壘打才愈能賣到高價呢！是不是迷思與否其實是視時間而改變的，眞是十年河東，十年河西啊！再說吧，今天我們說人家是個迷思，不願意投資；可是時間改變、環境變動以後可能還成爲投資者的寵兒呢！搞不好現在的迷思換個時空環境反而成爲成功的因素了，誰曉得呢！」說著說著，畢修聳聳肩。

「說的也是！到時候恐怕人家說我們是『小心過了頭』反而把我們列爲拒往戶呢！」大家忍不住都笑了。

拒往戶五：無所不能、樣樣通

「該誰了？還有哪些狀況是你我不願投資的？」L總繼續引出話題。

「還有一個『無所不能的迷思』，也可以說是『樣樣通的迷思』！」傑夫說。

「哦？樣樣通是什麼意思？」H副總問。

「這種無所不能的迷思在通訊領域比較常見，因爲通訊上面很多基本技術與應用都是互通的，所有通訊的 protocol 從某個角度來看都類似，所以創業者就以爲他什麼都可以做，這種創業者蠻難相處的。你們曾經碰過這樣的案例嗎？」傑夫說。

友朋創投L總想了想，「沒有耶！我們倒沒這樣的經驗。你們的經驗如何？」

「嗯，有一個J公司就是自以爲什麼東西都能做，所以做一樣產品只要遇上了困難，馬上就跳到下一樣。今天做 modem（數據機）因爲時機不好，所以明天馬上改做ADSL（電話線路寬頻網路）；眼見沒搶到標案，又改做無線區域網路產品（Wireless LAN）；再不成又做起 Giga Ethernet（特高頻寬頻數位網路），在他們看來技術在某個程度都是共通的，所以沒有什麼關係；可是對我們而言，每個產品所面對的市場都不一樣，面臨的挑戰與成功因素也不同，哪能說改就改呢？這樣的創業者也讓我們害怕。」傑夫馬上舉了一個例子說明。

Ｌ總點點頭，「我想起來了！我們看過一些通訊案例，比如說我曾經問過某個創業者：『你這個技術可以用在哪裡？』他回答：『只要是通信領域都是可能的應用！』可是眞正問他到底在哪個領域會做得比別人好，他看起來是有點不耐煩，看我們這些口袋有錢但卻是技術知識半桶水的人；但我反倒認爲他是講不出所以然來。」

「還有，像ＭＰＥＧ 4也有這個問題。像多媒體的壓縮、解壓縮的技術以及ＣＯＤＥＣ（encoder, decoder）都是所有的資訊產品大廠所需要的，在聲音（Audio）、影像（Video）以及多媒體傳輸等等都用得上，在應用上可以用在ＤＶＤ、Video Stream（數位訊號流傳輸控制）以及數位電視上等等，可是眞的做得好的公司卻是少數。在我們看來，雖然基本技術看來相似，可是每個應用領域都不同，都有許多『眉眉角角』的地方，很容易讓人一不小心就陷入泥沼；加上每個平臺（platform）也不同，因而覺得創業者這種心態已經落入『無所不能的迷思』——他們自己認爲是樣樣『通』，可是我們卻認爲是樣樣『鬆』耶！」畢修也補上一句。

「對啊，像這種樣樣通的迷思，在手機以及ＰＤＡ（personal digital assistant）上面的應用也很常見，表面看來這些產品都有個 32 bit ARM 的 Microprocessor（微處理器），可是應用起來卻都不一樣。手機、ＰＤＡ、Smart phone（智慧型手機）其實都有許多不同的地方，對創業老闆來說，技術上面或許是相通的，可是由投資者來看的話，我們在意的是他這個生意最後會不會賺錢，從這個角度看卻反而是個可能的威脅，所以我說這是個樣樣通的迷思。」

傑夫下了結論。

拒往戶六：大老壓陣

「是不是輪到我了！有一種創業者喜歡找一些過去的產業大老出馬壓陣，這算不算是個迷思？」畢修好像從他的筆記裡又找到一個實例地說。

「哦？你要不要先解釋一下！創投在沒有搞清楚前提以及你所指的東西爲何之前，怎麼敢隨便表示意見呢？對吧？」傑夫開玩笑地說，惹得大家發笑。

畢修笑著點點頭，「現在有很多公司，在主要團隊裡都會列出一、兩個所謂的『大老』，尤其最喜歡在 advisory board（諮詢委員會）的名單中秀出大老名單。這種在 advisory board 出現的例子，大部分是美國的案例，這個還好，但是在臺灣我們看過幾個例子，是創業者認爲自己份量不夠而找大老來當董事長。我們都知道，不論是臺灣或美國，在每個領域上都有一些當年獨領風騷的人物，他們都曾經因爲某些公司而出名，後來雖然不是檯面人物，可是還是有許多創業老闆喜歡找這些大老掛名，或是當個顧問來壓陣。」

「那很好呀，怎麼算迷思呢？」傑夫看畢修一口氣說了一大段，故意用淡淡的語氣發問。

畢修故作神祕地問：「創業者看來，這些大老多多少少都有成功的經驗，可是由投資者看來，請來這些大老爲公司壓陣，你們認爲這對他們要增資找錢是加分還是減分的效果呢？」

傑夫接口：「這個問題倒是充滿爭論性！有大老壓陣到底是加分還是減分？唔，該考慮的也許是大老會不會眞正花時間在公司？如果眞正花時間或精神在公司，他跟新的創業者之間又是怎麼配合？如果大老只是掛個名？那就不曉得了！」傑夫想了想，「嗯，L總、H副總，你們有什麼看法嗎？」

「我認爲有得有失！大老的確有加分的作用，因爲他總是有一些人脈和關係嘛，別人總是會賣個面子給他；至於公司會不會成功，我倒是認爲大老在公司裡面壓陣反而是負面的因素。」H副總回答。

「哦？」另外三人都非常驚訝，「你怎麼敢那麼肯定呢？」

「理由有幾個：

第一，一般所謂的大老，過去大多有些成功的經驗吧；可是現在都比較不願意親自下海(hands on)。你們想想看，這些所謂的大老，起碼應該都有五、六十歲了吧，不然怎麼稱爲大老呢！你要這些大老與年輕創業者一起重頭做起，他們怎麼放得下身段呢？而且他們不需要也不願意這麼辛苦了吧！

第二，與經營團隊可能會有些衝突。請大老來壓陣的創業者其實要的只是把大老擱在旁邊當顧問，很少有人願意把大老放在主要的經營團隊裡面，既然大老不願意親自下海，哪有人願意把自己的事業讓大老來享受現成成果的呢？所以只能請大老當顧問。加上這些創業者都有自己的想法，連我們投資者的想法都不一定買帳了，怎麼可能對大老言聽計從呢？所以我認爲兩者之間在本質上會有一些矛盾。

第三，大老的想法很可能已經過時了。我們說過很多次，現在創業的成功條件跟以前不一定相同，所以過去讓這些所謂的大老能夠成功的因素，並不見得在今天還能有效哇，從這個角度來看，大老實際上應該是減分才是！

第四，大老很有錢，也退休了，花個小錢支持一個創業團隊玩玩，也不需要找外面的人募資要錢，所以眞正的經營團隊也沒機會接觸外面的創投。

總之，我認爲大老最多只是當個『頭臉人物』(figure head)，實質上效果不大，反而會讓人以爲創業者對自已沒什麼信心，所以要找個人來當影子呢！所以我會減分。」L總條理分明地解釋。

「唔，我想減分應該也還不至於，照你所分析的，我看最多只是不加分，談不上減分吧！」傑夫本來是反駁的語氣，突然發覺自己的語氣嚴肅了些，趕緊擺出笑臉。

L總和H副總彼此看了看，笑了笑，L總決定加入這場論戰：「我也覺得大老還是一個減分的因素，我們都是晚輩，很難說他不對，試問：如果今天我們投資他了，感覺他的一些作風不對，在董事會裡面或是公司的經營會議裡面你敢對他說不同意見嗎？你敢眞的指正他嗎？」

「不太敢耶！」這一講，其他三人都搖搖頭。

「是嘛，要嘛你根本不敢指正他；要嘛即使你敢說，他也不會甩你！他是前輩耶，在他領風騷的年代，何等人物他沒見過？你一個後生小輩算哪根蔥啊！問題是他過去的那些方法不盡然適用於現在，更別談是未來；可是當你認爲他不對的時候你也不敢指正他，講了他也未必聽，我個人是不喜歡投資這種案子的。」L總揮揮手，愈講愈起勁。

「你這樣一說，好似在這些大老兩字前面加了另外兩個字囉！」傑夫登時開起玩笑。

「加兩個字？哪兩個字？」L總有些納悶。

畢修突然蹦出來：「過氣！」

大家都笑起來，傑夫邊笑邊回說：「這是你說的，我可沒說。」

L總經理笑過後繼續說：「所以說啦，請『過氣大老』出面其實是很多人常犯的一個迷思。創業者以爲過氣的大老出面，憑仗著大老以前的人脈，可以讓我們這些後輩小生囿於大老成功的威望或是說服力而投資。唉，說實話，我們都稱之爲『過氣』了，既然過氣，尊重有之，投資可免。」

「另外，創業者也都知道我們這些投資者怎麼可能給錢之後就作壁上觀呢？除非公司必然成功，不必我們多插手；不過話又說回來，這些過氣大老既然有必然成功的把握，還會看得上我們的錢嗎？這些大老既然會找上我們投資，不就代表他沒辦法靠過去的交情得到所需要的錢嗎？！」H副總邊說，邊攤開手，一副無奈的樣子。

傑夫忍俊不住，笑著說：「哎呀，L總你也不必妄自菲薄嘛！貴寶號在創投界也是響鐺鐺的啦，所以即使必然成功的案例，大老們也會找你們壓陣的啦！」

L總笑了笑：「彼此，彼此；不敢不敢。」邊說還邊抱拳，作出江湖行走拜碼頭的姿勢；這下又惹得大家一陣狂笑。

笑罷，傑夫正色地言歸正傳：「聽起來L總所講的也不無道理，創業者如果請大老出面，對我們來說總是容易得罪人，看起來還是少碰爲妙！這樣說來，畢修提的這個『找大老出面當作一個迷思』可以過關了吧！」

拒往戶七：貼標籤

「唔……」H副總似乎想到什麼，欲言又止的，終於還是問了問題：「我想問的是，達利跟你們母公司明基的關係這麼密切，對你們而言，被你們投資的創業者會不會有被『貼標籤』的問題？要不要談一談你們的感覺？貼標籤到底是不是一個迷思呢？」

傑夫和畢修相視而笑。「這倒是好問題！」傑夫說，「過去有 corporate 投資似乎都有一些減分的負面影響，創業者總是怕公司被貼上標籤，說是某某公司投資的，導致他們要找客戶會被排斥，所以在過去的確是負面因素……可是現在狀況不一樣了！」

「哦？這是什麼道理？」L總與H副總兩人都很有興趣地追問。

「我們剛剛也說過，現在創業者想成功，在市場上面臨了很高的進入障礙，大公司都不太願意冒險用初創公司未經市場驗證的產品，除非創業者與這些大公司有些關聯性……」

傑夫還沒說完，L總經理就打斷他的話：「你認爲過去的負面因素，現在反而成了『加持』？」

「對，大公司的投資不但是加持，我看還有些『灌頂』的作用呢！再說吧，現在大公司投資以後也都非常地節制，即使投資也只是在關係上更進一步彼此靠近而已，哪算得上是貼標籤！這些大公司的投資者也不敢把這些公司據爲己有，或過度主導，大部分的公司都還是屬於經營團隊自己經營的；尤其達利所投資的公司主導權都還是屬於經營團隊，我們很少強硬插手的。所以我認爲貼標籤反而不是迷思，而是灌頂加持，你們看法如何？」傑夫解釋。

H副接著說：「哈，從你們的角度來看，有達利投資反而是加分了，不過我想這是有道理的。以前的創業者總希望自己單打獨鬥走出一條路；可是現在都希望能夠擁有一些優勢，最好在行銷通路或技術發展上獲得一些幫忙。所以我同意過去貼標籤或許是個迷思，這種貼標籤的現象現在反而不存在了。那我還得說另外一個迷思才行呀！」

拒往戶八：股權稀釋

「那我就補充一個迷思吧……好，來個股權稀釋的迷思！」L總接口說。

「哦？這是什麼意思？他不願意你們投資嗎？他要你的錢不就一定會稀釋他的股權嗎？如果他不需要別人投資的話就自己做嘛，自己拿錢出來就完全不怕稀釋，百分之百屬於自己不就得了！」畢修回道。

「哈哈！畢修總是快人快語！」H副總說，「很多從美國搬回臺灣的案例，創業者總是擔心再增資的話會稀釋自己的股權，所以每次增資，叫他一次就拿多一點資金他總是不願意，把資源用得『恰到好處』，這一來，萬一公司有什麼風吹草動或遇到度小月，公司可不一定撐得過了。所以我感覺這種怕股權被稀釋的心態是一種很嚴重的迷思。」

傑夫一聽，馬上聯想到最近遇到的案例：「你說的對，最近我們希望F公司增資，結果出現這個迷思的反而不是經營團隊，竟然是其他的投資者！我們好不容易說服經營團隊增資，因爲不增資的話對公司整個未來的發展總嫌資源不夠，掣手掣腳的，我們擔心他們沒辦法開發更多的新技術和新產品，可是既有投資者竟然有人反對，好說歹說就是不願意增資。」

這下連H副總都聽得有些迷糊了……「爲什麼不願意增資？增資對原來股東有什麼壞處？難道他們也怕股權被稀釋嗎？」傑夫不明所以地抓抓頭，因爲那些既有股東還眞是奇怪。

畢修嘆了口氣：「唉，是啊，就是怕股權稀釋啊！既有投資者看見公司業績還不錯，總不希望有太多人來分一杯羹！」

「那他就自己多出些錢嘛！如果做得不錯，公司需要加速發展，原有的投資者自己多出些錢不就好了！」傑夫語氣也有些不平。

「問題就出在這了！原來的投資者手裡已經沒有錢了嘛！可是又不願意讓經營者增資，一逕地希望經營團隊用現有的資源繼續往前『ㄍㄧㄥ』，能『ㄍㄧㄥ』多久就算多久，最好能以原來的資本『熬』到上市。」H副總苦笑著說。

「喔，碰到這種投資者就很慘了！」傑夫與畢修異口同聲，語氣都有些充滿惋惜的味道。

「所以這種股權稀釋的迷思不盡然是創業者，連投資者有時都不可避免。」H副總說。

「對啊，問題就在這裡！」畢修繼續補充：「基本上，臺灣的創業經營者擁有的決定權比較低，因爲股份比較少，所以增資的時候都需要股東的同意，如果說股東裡面有些人不同意增資的話，經營者會被卡死，公司要發展資金卻不夠，靠營業所得週轉或擴充也擴充不來，很可能就因爲這樣而喪失技術上或市場上的先機，所以說這個迷思的影響可不輕哪！尤其要把公司從美國搬回臺灣，這一部分的問題恐怕更大，因爲要把公司搬回來通常都必須先做減資的動作，如果美國那些股東不肯減資，擔心股權被稀釋而群起反對，那公司就搬不成了。」

「嗯，這種股權稀釋的迷思影響還蠻嚴重的！」傑夫點點頭。

「依照達利看來，這種現象是不是沒有破解之道呢？」L總在旁邊敲起邊鼓。

傑夫笑著回答：「有是有，但就是狠了一點，未必每個人都做得來。就像我們在《微笑禿鷹》這書裡所寫的：『兩手一攤，這公司我不要了，重頭再來！』如果以後碰到這種案例，我們就勸那些創業者回臺灣從頭做起，把過去的東西全部拋給舊的投資者，以退為進！大家比狠的嘛！」

「那臺灣難道不能這樣做嗎？我們所談的那個案例，你看能不能叫創業者拋開既有的公司而從頭再來？」H副總問。

傑夫有些猶豫地說：「基本上在臺灣是比較難，因為大家都綁了『競業禁止』，而且你要這些創業者眞的說丟就丟，還有些人情、面子的問題，你叫他從頭來過，哪有這麼容易就放棄的！」

「這個迷思應該從兩個角度來看，經營好的需要錢來擴充；經營不好的需要重整；而過去的投資者需要認賠了事。」H副總搖搖頭，說。

「是呀，你願意得罪同業嗎？損失個案例就算了，何必得罪一個不該得罪的同業呢？地球是圓的耶，以後總是會碰面，還是算了吧！」傑夫感嘆地說。

友朋創投的兩位朋友搖搖頭，達利的強硬作風一向是業界有名的，沒想到傑夫也會有息事寧人的想法……

拒往戶九：心懷不平之氣創業

「我還想到另外一種迷思：『心懷不平之氣創業』的迷思。」畢修談得興起，主動再加一個。

「哇！這名詞還眞長！顧名思義，所以迷思就不必要解釋了，倒是可以舉個例子來聽聽，如何？」傑夫開起玩笑。

「好呀，我舉個例子。有家公司叫長勝，當時我問這位創業者爲什麼要創業，因爲我老是覺得他心中有一種復仇、想做給大家看的憤恨不平之氣；相對而言，自我實現的成分反而比較少些。一問之下，原來他創業並不是因爲自己的理想，而是在以前的公司受到壓抑，心裡不爽快，因而想復仇、做給原來的老闆看。像這種心態，或是看別人成功之後心裡不服氣，甚至是因爲跟原來的公司鬧翻才負氣創業的現象，是不是一種蠻特殊的迷思？」

在座三位想了想，紛紛點頭贊同：「說的也是！」

「我們經常看見那種公司，都是因爲創業者跟原來的公司鬧翻而負氣創業，尤其技術人員經常認爲自己技術好，原公司少了他們一定會撐不下去，所以拼著一口氣出來創業；這種例子你會不會投資呢？」畢修說得更明白。

「看情形吧！我們也碰到一些案例，創業者是因爲某種因素離開原來的公司，以爲自己出來創業可以一帆風順；其實創業哪有想像中那麼簡單！就像一、兩年前有家D公司，因為原來的投資者派空降部隊帶領公司，一段時間之後，有些技術人員覺得和空降部隊理念不合，所以集體離開了。你們注意到嗎，那些因為『理念不合』而選擇離開的，往往都是在權力衝突下處於下風的人；如果今天他居於上風的話，他才不會講理念不合呢！」H副總說。

說罷，畢修向H副總投以讚嘆的眼神，並鼓了兩個掌，因為H副總的確講出組織裡權力爭奪的本質。

「的確如此！講理念不合的幾乎都是居於下風的！這就牽扯到公司裡的人際關係和辦公室哲學了。總之，這種因理念不合而自己創業大多是負氣型的創業，更現實的是負氣型創業通常不容易成功，所以這應該算一個迷思吧？」L總似乎把H副總的敘述做了一個結論。

「唉，創業嘛，尤其是IC晶片與IT科技產業，這些領域裡要創業成功技術好不好很重要；如果說你沒有可以安身立命的技術，只是因為負氣而出走或大老的加持就希望能夠做成，是沒有機會的！」傑夫不禁感嘆。

拒往戶十：技術互補的創業團隊

「那還有其他的嗎？湊成十個迷思吧？」畢修環視現場繼續問。

「還有一種：『技術能夠互補，就一定能一起創業』的迷思。」H副總說。

「現在是要比名詞長短嗎？不過這是什麼意思？」傑夫逗趣地說。

「你們聽我說！爲什麼我說『技術互補就可以共同創業』是個迷思，你們看，現在很多從美國回臺的技術人員，因爲在美國單獨找錢比較困難，所以回臺灣之後總希望兜一些技術能夠配合的人一起創業，畢竟自己一個人所了解的技術有限……」

傑夫忍不住打岔：「這有什麼問題呢？一般從美國回臺創業的創業者總會希望多找一些同伴，我想這也無可厚非吧？！」

「可是創業團隊不見得技術互補就夠了！這些人技術雖然是互補的，但是誰能把握組成的經營團隊是怎樣的？以前根本沒有合作經驗，純粹只是因爲覺得技術可以互補而忽略了團隊默契以及合作經驗，這種見小不見大，也算是一種迷思吧？」H副總解釋著。

傑夫看看畢修，想想也有道理，兩人因而點點頭。「嗯，有道理，我們向來也都認爲經營團隊很重要。沒錯，把兩個技術互補的人加在一起，因爲從來沒有合作過，這樣的團隊還是很shaky（不可靠），遇到困難或幾次的意見不合很可能就分家了，他們未必能如故事所寫的瞎子和跛子互相合作無間，很可能還會互相抱怨哩！萬一組合在一起創業最後眞的拆夥分家，倒楣的還是投資者，所以這種技術互補而沒有合作經驗的人也應該算一種迷思。」

拒往戶十一：迷失在easy money（賺得容易的錢）

「不只十個了，還有一種迷思，就是『賺錢等於有競爭力』的迷思。」畢修又提了一個。

「哦？這倒有趣了！舉個例子聽聽！」大家一聽到錢，興趣濃厚。因爲從投資角度來看，公司只要能賺錢總是一件好事，能夠賺錢就有回收了嘛，還有什麼迷思呢？

「嗯，有一家公司叫錢賺公司，該公司過去一年是眞正的賺錢了，但是怎麼賺的呢？原來不是靠本業ＩＣ設計賺來的錢，而是靠業外的flash memory（快閃記憶體）期貨買賣賺了一票子。你們也知道，幾乎所有的記憶體市場都像是期貨一樣，只要抓對時機進了一筆貨，價格飛漲的時候拋售，就可以賺大錢了；但如果時機抓錯，也很可能賠上一大筆。

這家錢賺公司就是因爲抓到了半導體的時機，二〇〇〇年賺了一筆；二〇〇一年看起來也還不錯，雖然賠了一點錢，但一加一減還是賺錢，帳面顯現出來的獲利數字很大，每股獲利盈餘也不錯；錢賺公司於是開始自我膨脹，感覺自己不得了，對外不但志得意滿地炫燿，還自以爲經營能力也相對提高許多；這時候投資者勸他認眞經營本業，他哪聽得進去……」

L總打斷畢修的話：「耶，那是營業外收入啊！我們不能看營業外收入，眞正的獲利能力是要看營業內收入啊！」

「是啊，你我都知道要看本業收入才算數；可是一般社會大眾誰會看營業內還是營業外？

尤其那種未上市股或是上興櫃的，上市之後又有多少人研究上市公司的財務報告？不都是只看這些公司一股發多少錢，管他營業內營業外，只要帳面上面有賺錢就好，哪管得了賺的錢是業內還是業外？」

傑夫有些懷疑：「這樣說來，應該不是叫賺錢迷思，而是賺期貨錢是一種迷思，『easy money 的迷思』！」

畢修附和道：「是應該叫 easy money（賺得容易的錢）的迷思比較貼切！創業者因為賺到像期貨這樣的 easy money 而很容易地迷失了自己。你們想，當我們投資一家公司，是不是都會先給創業者資金，當經營團隊募款之後手上有一、兩億現金的時候，我們最害怕的就是經營團隊把錢拿去買股票之類的營業外收入！對他而言，有機會不賺白不賺，賺一筆錢之後可以將過去累積虧損一筆打掉，帳上好看多了；可是萬一這種投資生意失敗呢？難保不會把公司原來要做擴充和經營的錢耗光吧！所以我們都規定創業者不能把這些錢拿去做營業外的處理，只能放在本業上，不然我們是要反對到底的。」

拒往戶十二：二奶的迷思

「最後我還要提一個很重要的迷思，就是『二奶的迷思』。」畢修說得語不驚人死不休。

果然惹得大家一陣轟然……

「什麼?我們談的是經營者、創業者的經營,與他會不會包二奶沒有直接關係吧?」H副總抗議。

「嘿嘿,我說的二奶不是你心目中想的那種二奶!不過是借用這個名詞罷了!好吧,你們既然這麼道學,我就改用『兩頭蛇迷思』吧?」說著說著,畢修也板起臉孔,一副道貌岸然狀。

「好啦,究竟是什麼意思?這個可要解釋名詞了。」傑夫也忍不住催促。

「我指的是從美國搬回臺灣的公司很容易有『技術股的迷思』,為了可以擁有多一點的技術股,於是在美國另外設一個經營團隊自己擁有的子公司,然後臺灣的公司不是向美國公司買技術,就是給一些生意來養美國的團隊。像前一段時間有一家公司CY,回臺灣第一年就賺錢,可是經營團隊嫌技術股不夠,吃虧了,所以乾脆在美國另外成立一家分公司,臺灣CY只佔三〇%,其他股份都是經營團隊自己的認股;更過分的是再由臺灣的CY以高價購併美國分公司,這樣就把錢轉移到經營團隊自己手裡了!

類似這種的安排,在股權結構上就已經留下伏筆,希望把一些股份透過這樣的方式移轉到美國去,這就是所謂『兩頭蛇』或是『包二奶』的『技術股迷思』了!這類公司看來是把公司搬回臺灣,事實上只是搬回一個殼子,在美國還留了一個影子,甚至還會明文規定臺灣公司在幾年內要把美國公司買下,這種迷思也可以稱為是另一種『腳在臺灣,頭在美國』的變種迷思吧？」畢修解釋。

「哎，另外有家X公司也是這樣。X來找我們投資，我們發覺總經理身兼兩家公司的總經理，原來臺灣和美國都有公司，而且兩家公司股東結構不一樣，業績也很難區別，弄不清業績到底屬於臺灣還是屬於美國。X公司計畫景氣好就在美國上市，所以整個業績都歸到美國，於是臺灣變成美國的代工公司，完全由美國接單；一段時間之後發覺行不通，因爲上市的環境和條件都不一樣了，於是改變主意要回臺灣上市，又要想辦法把美國所有營利變成在臺灣發生，你看是不是很辛苦呢？我也看得好辛苦，分不清這公司到底是美國公司還是臺灣公司？美國和臺灣各有各的公司組織，股東結構也不盡相同，我想叫他『雙頭蛇』的迷思還比較貼切！」L總經理苦笑著也提出個案例。

「對，看起來『雙頭蛇』的迷思還眞多耶！」傑夫邊說，邊把兩個拳頭舉起來作著手勢比畫著。「L總經理，你問過他們是怎麼想的嗎？他們又如何解釋呢？」

「X公司的解釋是這樣的安排比較有彈性；對投資者而言，不管是投資美國或臺灣，或兩邊都投資，也不論是在美國上市或臺灣上市，投資者都更有機會獲利。這說法表面上是對的，可是我們總覺得有問題……你們說，營業額到底屬於哪裡？我們很害怕兩邊都可以在營業額上做人爲的改變；而且這種兩頭大的公司基本上會計帳的處理都比較複雜，即使他們說會計分開，但從我們的角度來看，這種業績可以人爲操作，實在是很難驗證。這樣的情況下我們很難說服自己去投資，因爲我們不曉得重心究竟在哪裡！所以創業者最好還是『一頭大』，不要有『偏安』的想法或臺灣失敗了還可以回美國去，也不要什麼『二姨太』，一個就好！」L總經理強調。

「其實講包二奶是有點傳神，但用『狡兔兩窟』比較貼切。」H副總接口，引起哄堂大笑。

拒往戶十三：老好人的迷思

「還能有什麼迷思呢？」L總問。

「有，還有一種迷思，我最近碰到的，叫做『老好人迷思』。」傑夫說。

「哦？老好人？這個我也有同感，你有什麼例子說來聽聽吧！」友朋創投的兩人同聲說。

「有家L公司已經經營得有模有樣，不過公司裡有位D君不適任，我向總經理提了幾次建議，不該讓D君再留著，因爲他留著將來必會是個禍害；可是總經理雖然也是心知肚明，但就是動不下刀，說D君是老戰友了，怕影響士氣。唉，這位總經理不知道公司裡已經有許多人向我們抱怨了。畢修，你記不記得我們投資的T公司以前也發生過類似的事件，T公司總經理想了好久，後來才在不得不的情況下將不適任的A君切除，結果事後證明A君離開後，公司的經營不但沒有什麼問題，反而公司裡的士氣更健康了！其實事情沒那麼複雜的嘛！所以我經常告訴創業者，假如公司裡有些主管不適任，應該馬上快刀斬亂麻，立即做明快的處置；左等右等不動刀，等到公司日後面臨成長，不適任的人會變成很大的瓶頸，愈拖愈難處理。像T公司，當時總經理不也擔心員工會不會被A君帶走；仔細想想，現在創業可不是簡單的事，一個人走了能夠帶走多少員工？他想創業還要先找到錢呢！」

「E企業不也是嗎？」傑夫頓了頓，喝口水後繼續解釋：「我們經常碰到這樣的老好人，該說他是善良還是迂腐？事實上，經營企業所有的決定都必須明快，不適任的人趕緊請他走路，所有資源必須花在刀口上，有時這類的事情還要我們投資者幫忙處理。」

L總忍不住笑了笑，「哎，照傑夫這樣講，我們做投資者的眞的還得要殺人如麻啊！還到處得罪人呢！創投不再是『微笑禿鷹』，要改名成爲『大刀王五』了！」說完後還揮舞著手，好像在舞弄大刀似的。

「噯，從投資的角度來看，我們最高的原則就是賺錢，所以只要是傷害公司獲利的事我們都不應該容忍，不是嗎？必要的時候當一回大刀王五也是應該要義不容辭的吧？」傑夫也不諱言。

在一旁的畢修若有所思，馬上想到一個案例，因而接口：「照你這樣說，老好人的迷思還有另外一種類型：『怕對不起原來的投資者，不敢減資』的迷思，這也是老好人迷思！舉一個案例來說吧，這個案例也是想將公司從美國搬回臺灣，我和傑夫跟創業老闆談了很久，基本上這公司還是在美國發展比較好，也許以後在美國上市然後被購併；既然要被購併，就需要美國的資金囉，可是現在要找美國資金不容易，所以他希望先從臺灣找一筆錢，然後下一輪再從美國找錢。你們也知道美國現在的VC很凶悍，所有的投資都要求比較高的回收(return)，甚至公司被購併以後他們要先拿回三倍的回收，剩下的再由所有的股東按持股比率均分等等……」

L總打岔：「有些人甚至要求五倍呢！」

傑夫接口：「就是這樣呀，我們告訴他下一輪增資的時候一定會被砍價錢，所以現在必須先減資，不然達利這一輪投資進去的話，到了下一輪一定會被新的投資者砍價，所以若是他現在不減資，我們當然不願意投資了；可是創業者就是拉不下這個臉來，他告訴我：『他不能對不起原來的股東。』沒錯，他這樣想是很講義氣，可是搞得沒有人敢投資了，這也算是另外一種老好人的心態。」

「這個案子後來你到底有沒有投資？」L總好奇地問。

「當然沒有！到最後我還是不願投資，雖然他想當老好人，可是我可沒辦法把我的錢拿來讓他當他的老好人哪！我只能告訴他我的想法，他願意接受減資的話我們就繼續；不願意接受的話，那就自己去找願意陪他當老好人的投資者。總之一句話，達利又不是慈善機構，我們投資是爲了要賺錢的耶！」傑夫說得有點義正辭嚴。

L總笑了笑，在旁加了一句：「是啊，禿鷹本色！」

畢修揮揮手，嘴上也不示弱：「禿鷹本色？大家本來不就都是禿鷹嗎？我們只是表明自己是禿鷹；其實所有的創投還不都是一樣的作法，只是大家在嘴巴上不講而已。嘿，先不管禿鷹不禿鷹，談談剛剛所講的老好人迷思，就像傑夫所講的，有些老好人不敢得罪原來的投資者，所以在連年虧損之後又不敢辦減資，到最後連新的資金也進不來。其實投資的目的有三個，其中一個目的就是改變股東結構，如果不做減資的話，新股東怎麼會願意進來？」

「說得也是！」L總點頭表示贊同。

拒往戶十四：藝術家風格

「喔，我又想起一種迷思，叫做藝術家風格。」H副總說。

「哦？這什麼意思？投資就投資，還有藝術家？」畢修問。

「當然有！最近不是倡導數位內容或數位媒體嗎，另外跟遊戲相關的也是，尤其與軟體相關的很多公司都有這種現象，這些人都有所謂的藝術家風格，他們對自己的專業技術相當有信心，所以只希望你給他錢就好。」L總解釋。

「那不就又回到錢的迷思嗎？」畢修說。

「有點不一樣，錢的迷思還好；藝術家風格這些人往往存在非常主觀的判斷，尤其像數位內容或其他與藝術相關的都牽扯太多個人主觀的判斷，這時候如果再碰上藝術家風格的創業者，他堅決認定他的想法是對的，不只是對的，對於你所有的不同意見，他卻認爲那是來自『俗人』理所當然的意見，你就很難跟他溝通，所以這種藝術家風格或迷思對投資者來說是很頭痛的。」

拒往戶十五：專業經理人

「你提到藝術家，我就想到另一個『專業經理人的迷思』，就當作今天迷思系列的結尾吧！」畢修看看眾人，說。

「專業經理人？」L總問。

「嗯，也可以說是『自我設限的迷思』。我現在碰到一個例子是總經理不認爲公司是自己的舞臺，他一直認爲自己是幫董事長做事，他只是專業經理人，公司要找錢或跟股東往來跟他都沒有關係，他的責任只是負責把產品開發出來；可是董事長認知也不同，一方面董事長對公司的業務不太了解，也不是佔最大的股份，他只是被董事會選爲董事長而已。可以說總經理是『自我設限』，而董事長也是『有所不爲』，我們都不知道該怎麼談下去，後來只好放棄投資了。」畢修詳細地解釋。

「沒錯，像這公司就犯了自我設限的迷思了！總經理不認爲公司是自己的，反而認爲自己只是一個專業經理人而已，因爲擔憂自己的資歷不夠，所以找了一個大老擔任董事長；而董事長一個禮拜只進辦公室半天，他告訴我們只是幫助年輕人創業，自己頂多只是一個財務上的投資者。問題來了，總經理認爲我們要尊重董事長，很多事情都要詢問董事長，董事長卻認爲決定權應該在總經理，結果呢？大家都搞不清楚公司到底是誰的舞臺？這種公司我們也沒辦法投資。」傑夫補充。

難道「海歸派」都難以投資嗎？

談了半天，大家列的拒絕往來戶也不少了，L總因而建議：「時間不早了，是不是該開始歸類、分析這些拒往戶到底是什麼原因造成的？」

大家左看右看，這麼多的拒往戶到底該怎麼歸類呢？思索了許久，竟然誰都說不出個所以然來……好一會兒，畢修突然皺著眉頭說：「我看很難歸類吧……如果一定要我找出共同原因的話，我看他們大部分都是『海歸派』！」

「海歸派？海外歸來的人？」

過了大半晌……

突然蹦出幾句話，「說的也是！」「剛剛怎麼沒有發現呢？」L總、H副總與傑夫三人紛紛叫出聲。

的確如此！看看從「一夕致富」一直到「專業經理人的迷思」不都顯現一股濃濃的海歸

派味道？

「等等，照你這麼說的話，不就表示海歸派都不適合投資啦？」H副總有些懷疑地質問。

「哇，這可不妙！我們當初寄望的很多投資案件都希望是『海歸派』的背景，經你這麼一說，海歸派都成為拒往戶的話，我們當初的想法豈不是都錯了？」L總經理有些驚訝地接口。

傑夫心裡也非常震驚，當初一心以為創業者由矽谷搬回臺灣可以帶回技術，再配合臺灣的基礎以及創業環境就可以創造出新的成功創業模式；可是今天把「創業拒往戶」的類型整理出來以後，怎麼反而否定了當初的構想呢？這是怎麼一回事？連經驗豐富的傑夫都楞在當場……到底哪裡搞錯了？

四個人左看右看，看來這些拒往戶確實是海歸派呀！

哪裡找有「投資緣」的創業者呢？

畢修想想，「不對，我們換個角度來思考吧，不然會被我們自己搞糊塗的。我建議我們不要光看『不投資』的，應該看看過去一年來各家『已經投資』的案例，有多少不在『拒往戶』裡面？有多少『不是海歸派』的？有多少是海歸派？這才夠周延吧？」

H副總點點頭，回答：「這也對，不過可能用處不大，因為我們去年一整年所投資的案件都是『增資案』，不是新投資案。」

畢修不相信地問：「你們去年一整年都沒有投資新的案件？不會吧？」

「是沒有投資新案件。那你們呢？難道很多新投資案件嗎？」L總經理老實地回答，也有些奇怪地問畢修。

畢修有些尷尬，看看傑夫，傑夫面帶苦笑地回答：「據實以報，達利去年除了投資一個屬於turn around的敗部復活的案件，以及一個自己主導的案件以外，也都是已經投資過的增資案，此外整整一年沒有其他新的投資案件。」

「看來我們新投資案件都不多……那其他同業如何？」L總經理問其他三人。

「年初曾經有幾個案件有人搶得厲害，不過沒多久又退燒了。其他同業，我想投資在傳統產業轉型或是資產股的應該不少，但是投資在海歸派的，我倒是沒有聽到多少就是。」H副總回答。

「是我們太挑剔了？還是創業者實在不行？或是整個環境讓我們變得比較膽怯，所以不敢像以往那樣出錢投資？」傑夫像是提問又像是自言自語。

畢修看看客人，不禁抱怨地說：「我也搞不清楚是產業問題呢？還是我們老碰到沒有緣份的創業者？」

這下又鑽入死胡同了！

「慢著！你方才說有其他同業著重在傳統產業或是轉型產業的投資？」傑夫問H副總。

「是呀！怎麼了？」

傑夫轉向畢修，說：「等等！你記不記得我們年初擬定達利今年投資策略的時候，曾經整理過今年的投資原則？當時還與每個AO爭論過呢！」

畢修微微頓了頓，「是有這麼一份資料！」

「你記不記得我們當時的觀察就是認爲今年的重心不應該放在新的創業案件上，而是應該著重於其他BBQ案例？」傑夫提醒後，又看著畢修說：「不如我們把上次內部討論的一些原則說給L總和H副總聽聽，請教他們的看法如何？」

畢修點點頭，解釋說：「我們當初歸納環境以及創業者類別後，列出兩類投資重點，一個是TARF（turn around and rescue fund，重整基金）；另一個是BBQ（bread butter，基本業務來源；and quantum jump，快速成長想像空間）當作今年投資的主要項目。其中BBQ又分爲幾類：

第一，經營者EQ好，跟投資者的關係處得不錯，雙方『麻吉、麻吉』最好了，我們既是他的投資者，又是有價值的投資顧問，然後又可以成爲夥伴和朋友；如果又有大公司願意加持的話就更是錦上添花。這是投資首選。

第二，創業者EQ還過得去，不過公司已經賺錢了，基本上只要能夠避免『致命錯誤的陷阱』，這樣也可以。一般從美國搬回臺灣的公司比較難符合這項要求，但是如果我們能幫助這些公司，或是說創業公司在美國已經達到一定的規模，只要把美國公司的成本降低，搬回臺灣可能就能在很短的時間內開始轉虧爲盈的，抑或是它所做的產品符合臺灣的產業未來成長的需要，甚至於它所 target 的市場看起來是存在的，那我們只要降低它的營運費用（over-heads），以後應該比較有快速成長（quantum jump）的機會才是。

第三，最後就是公司已經賺錢，馬上上市，創業者的ＥＱ好不好不重要，只要還有利可圖，我們可以短線投資以後上市就賣掉，獲利了結，這也可以考慮。」

等畢修介紹完畢，傑夫再提醒：「以這三個條件來看都需要達到ＢＢＱ的要求，也就是要有基本的 Bread and Butter 的生意，還要有 quantum jump 的『錢』景，你們想想看，海歸派哪能滿足這樣的要求呢？只有很少數的海歸派可以符合第二項的要求，其他海歸派多數是以下一代的技術爲主要訴求，這就是我們剛剛所談的『全壘打』以及『安打』的差別了，他們想要全壘打，我們只想投資安打的，當然是看不慣海歸派的作風了嘛！」

「話是不錯，可是我們怎麼辦呢？」Ｈ副總苦笑地說。

「什麼意思？你們怎麼辦？」傑夫問。

「我們當創投的整整一年沒有新的投資案，對股東怎麼交代？我們還收人家管理費呢！股東不會說我們尸位素餐，光拿錢不做事？」Ｈ副總愈說愈小聲。

畢修大聲地回答：「不投資總比投資以後『槓龜』好吧！」

「不投資，豈不是更慘！」L總經理顯然不同意畢修的論點。

「你們沒有投資的壓力；我們可是有投資的 quota（額度）哩，一年要投資多少錢都有預算的。到年底檢討，第一個就是績效不好，豈不是要挨老闆的罵？至於會不會『槓龜』？不到五年難以見眞章！能不能等這麼久誰知道！你不知道，外界每個人都以爲當創投的人吃香喝辣，手上銀子一大把，作威作福的，其實我們找不到好的投資案例也是惶惶不可終日；隨便投資吧，每天看到他們業績起不來，燒錢如流水，也是每個月都被釘得滿頭包的。」L總經理抱怨連連。

H副總也幫腔地說：「你看我們今天列出來的拒絕往來戶這麼多，我們所接觸的案例幾乎全多是沾到『拒往戶』的邊，雖然是他們自己不行，不能說服我們投資，可是也會影響到我們投資的業績，到最後還是我們會被股東罵。咳，創投的日子愈來愈不好混囉……」唉聲嘆氣抱怨後，停了一會突然又問傑夫說：「你們看這種情形是短期現象？還是長期如此？」

傑夫瞠目結舌，不知道怎麼回答才好，只好以眼神向畢修求救，看他能不能說幾句安慰話。

畢修苦笑，硬著頭皮老實回答：「我實在想說這是短期現象，度過就好；不過你我都知道這只是安慰人的話罷了！**創投界好景不再囉**！前一段時間我才看到《富比士》雜誌（*Forbes*）

的一個專欄評論美國矽谷的未來，該評論大膽假設矽谷好景不再，技術、人才外流等等，這也罷了，竟然**還預測未來五年內百分之七十五的創投會關門大吉**！這才恐怖呢！」

畢修簡直是火上加油，令對方二人面色更加難看。傑夫忍不住瞪著畢修，奇怪他怎麼不說兩句好聽的話呢？說這些幹嘛？不說還好，豈不愈說愈糟了？

唉，到底創投下一步該怎麼走？這會兒每個人都楞在當場了……

6

出頭難

獨排衆議辛酸淚

門外看光鮮，門裡看心酸，不足爲外人道也！

只有創投業自己人才能體會到創投業其實是個競爭最「慘烈」，

生活最辛酸的行業；辛酸不在工作時間長短，

而在於壓力的永不間斷，而且還是自找的壓力！

【前言】

外表光鮮亮麗，背後又有金主大筆鈔票背書的創投人，怎麼看都是不可一世的天之驕子，然而事實眞相到底如何？

競爭慘烈嗎？生活辛酸嗎？不只如此，甚至連出頭天都難如登天！安身立命或許還容易；想揚名立萬？想都不要想吧！

【故事主角】

參與演講的創投同業

傑夫有一次對創投同業演講，題目是：「如何取得案源？」依照慣例，傑夫每次演講總會在結束前保留時間讓聽眾發問；沒想到這次的演講，聽眾當中有位創投新人竟然提出了一個與當天的演講題目無關卻很重要的問題：「在創投業裡面，大老這麼多，人才濟濟，我們要如何才能安身立命？要如何才能揚名立萬、出人頭地？」

這個問題與當天的主題無關，可是卻是在場每位創投從業人員都非常有興趣想知道的！問題一出，果然不同凡響，所有的聽眾馬上靜悄悄的，期待著傑夫的說法，這問題可是創投業者生命攸關的重點哪！

說的也是，在外界人眼裡，創投業者可是生活在陽光下的新世代，風光得很，不管男女都是剪裁合身、畢挺的西服與名牌套裝，臉上充滿著自信的亮光，手裡拿著漂亮的手提電腦，背後有金主大把鈔票的背書，隨口就是最新的科技、財務與法律的名詞；不管由哪方面來看，創投業者都是金字塔頂端的天之驕子（女），不可一世得很哪！從事理財行業的人，誰不以能夠進入創投業爲驕傲呢？

可是事實眞相如何？**門外看光鮮，門裡看心酸**，不足爲外人道也！只有創投業自己人才能體會到創投業其實是個競爭最「慘烈」，生活最辛酸的行業；辛酸不在工作時間長短，而在於壓力的永不間斷，而且還是自找的壓力！

會搶案子就能安身立命

傑夫心想這個題目果然有趣，雖然與今天的演講主題無關，但卻決定給在場全神貫注的聽眾一個仔細的回答：

「在我看來，『安身立命』與『揚名立萬』其實是兩件不同的事情，卻都是創投業者必須想清楚的地方，這決定了你在創投業的未來，更決定了你在創投業的生活品質與內容。

照理講，創投人員要安身立命其實很簡單，你只要努力搶熱門案子就行了！原因也很直接：

第一，『西瓜偎大邊』是創投的生態！每個熱門案子都是大家搶破頭的案子，每個熱門案件你都應該盡力去搶，只要能夠在裡面分到一杯羹（投資的籌碼），你就可以坐得穩如泰山了！

第二，因爲熱門案子大家都想搶，連你老闆自己都想搶；這時候的你只要有些門道可以搶得到一些投資籌碼，對你的老闆而言，案子熱門就行。至於案子好不好？只要同業大家都說好，眾口鑠金，這當然是好案子。創投業者都是人才耶，怎麼可能大家都同時看錯了呢？安啦！

第三，再說吧，即使這種熱門案子以後成了『踢鐵板』或是『摃龜』的賠錢貨，你也不會有責任，因爲當時大家都錯了嘛！既然大家都看走了眼，大家同時『摃龜』，無一倖免，你哪會有責任呢？何況『踢鐵板』與否也要兩、三年之後才會看到端倪吧？臺灣創投平均工作年資是二至三年，所以你早就換一家創投去工作了，誰會刻意記得大家都看走眼的案子呢？所以我說，『**會搶熱門案子**』就是安身立命的基本。」

出人頭地？難難難！

傑夫繼續說：「但是要談到『揚名立萬』、『出人頭地』？那可就完全是兩碼子事了！在我看來，要在創投業出人頭地只有一種可能，要能『**慧眼識英雄**』，還要能夠『**獨排衆議**』才行！

在創投業因爲錢是金主的、是老闆的、是董事會的，你只是被僱用來幫他們尋找投資機會而已，所以我剛剛說：『在創投業裡面雖然要混口飯吃很容易，只要『西瓜偎大邊』體察上意就可以混得過去；問題是這種狀況下，即使你在創投業裡作個五年、十年，也是十年如一日，不會有什麼特殊貢獻，只要景氣變動，老闆翻臉，你隨時有可能捲舖蓋走人，因爲你可以作的事情，都有更便宜的人隨時等著取代你！想想歲月如梭，馬齒徒增，這種隨時可以請你走人的工作，豈不令人害怕？

可是要能夠做到『慧眼識英雄』、『獨排眾議』那就難了，難處有三，

第一難、你能看得出來嗎？

第二難、即使你看得出來，你敢作嗎？

第三難、即使你敢作，別人會願意讓你作嗎！

我們一個一個地來分析，首先是：

困難一、你看得出英雄嗎？

創投所接觸到的案例都是新案例，都是新興市場、新興技術、新的創業人，不管說什麼，全部都是『前無古人』的新事業、新手上路，你怎麼知道這些新事業、創業新手將來會成功？每個人展現在你眼前的時候都是充滿自信心，每個人也都是產業背景顯赫，看起來每個都具

有濃濃的成功相，他們心中的創業夢都應該遲早會圓滿達成，不然人家爲什麼要犧牲現在穩定優厚的收入出來創業呢？

可是你們想想看，根據過去的投資分析報告來看，創業的成功比率連百分之一都不到！也就是說你接觸到的案例中一百個才可能有一個會成功，而每家說法都相同，每個簡報都很具說服力，你們怎麼判斷得出來哪一個會是那百分之一的幸運兒呢？當然是困難。

困難二、即使你慧眼識英雄，可是你敢獨排衆議嗎？

即使你獨具慧眼，你敢眞的賭下去嗎？創投要證明新創業的投資案例是成功、要有好的投資報酬率，沒有個五年以上是很難看出個所以然來的！加上事後證明，許多投資案例的成功與否，其實在過程中都有許多因素是屬於不可控制因素的！

當你慧眼識英雄的時候，你要想的是，到底有哪些不可控制的因素會讓你功虧一簣？你猜測得到嗎？

還有，當你獨排眾議的時候，在案例成功與否的答案揭曉之前，有一千五百個的日子，你都要面對老闆質疑的眼光，甚至同事的指指點點、創投同業的冷嘲熱諷，再加上你自己可能跟著動搖的信心……這種錯綜複雜的壓力與心情，你能夠承受得下來嗎？

困難三、即使你敢作，別人會拿錢讓你獨排衆議嗎！

在創投界，資金不是你的，是金主委託你的、是你老闆的錢、是你董事會的錢；他們找你來爲他們工作，是要你幫他們作事情，爲他們找資料，補足他們知識、關係的不足，錢又不是你的！他們不需要**你自己獨斷獨行，更別想要自己當頭！**

要不要投這個案例，那是要經過董事會同意才行的，你的工作是來說服董事會的大老，不是與他們唱反調，更不是找你來『獨排眾議』的！

你想要獨排眾議，那就拿你自己的錢來賭！這些金主既然不同意你的想法，怎麼可能會拿他的錢來爲你背書、爲你加持？別作夢了！」

另類的「獨排衆議獎」

傑夫一說完，眾人鼓譟起來，夾雜了許多的抗議聲音，會場頓時你一言我一語吵成一團；傑夫連忙說：「怎麼？我的說法有問題嗎？別激動，這又不是選總統吵著驗票，不必激動，有不同意見請不吝指教，我洗耳恭聽，但請舉手發言，一個一個來。」

馬上有個漂亮女生以清脆的聲音抗議：「照你這麼一說，根本是暗示我們不可能有出頭的一天嘛！」人長得美麗，可是說話倒是衝得很！

「什麼暗示？根本就是明示得很！」這位女生的話還沒完全說完，另外一個同伴馬上接口說。

又有人舉手，沒等到傑夫反應，自己就站起來發言了：「難道你在達利也是這樣鼓勵你的新進同事的嗎？你也是告訴他們不可能出頭嗎？我才不信呢！」言中挑釁的意味重得很。現場聽眾一聽這話，竟然還有幾個人附和起來。

傑夫看見這樣的場面，心想不作說明也過不了關，馬上作出稍安勿躁的手勢，大聲說：「別急，我還沒有說完嘛！」

傑夫看大家都安靜下來，不疾不徐地喝了一口水，然後故意開個玩笑說：「當創投的沒有搞清楚狀況之前不必太激動，毛毛躁躁的怎麼可能在創投界出人頭地？你們不知道創投是不能夠輕易表露出自己的情緒的嗎？」故意的消遣了幾人一下。

大家一聽都笑了出來，氣氛變得輕鬆許多。

傑夫接著說：「我剛剛所說的是一般通論，你們也不必幫「敝公司」對號入座，當然達利的確不是這樣做的！」

不等大家問，傑夫馬上接著說：「可能大家都不知道，達利為了鼓勵我們的AO能夠有自己獨到的看法，我們特別設立個『獨排眾議獎』原因就在這裡。我們當初就是怕所有的同事都做西瓜偎大邊的投資項目，所以特別設立這個獎，鼓勵所有的同仁堅持自己的看法，如果同仁的評估與其他老闆、董事不同，即使公司董事會決定不投資（或是決定投資），同仁們都還是有權利在達利的 eKM（電腦化知識管理系統）裡寫出自己的獨特見解與決定……

我們放在 eKM 的資料是不會被消除與磨滅的；等過了三、五年以後，如果證明當初某位同仁的見解是正確的，而老闆的決定是錯誤的話，老闆私人出錢擺一桌請這位同仁高坐首席，並由老闆私人口袋出臺幣十萬元作爲特別獎賞，獎勵該同仁夠『孤僻』、夠『膽量』、夠『獨排眾議』的！

可是一旦事後證明該同仁錯了，十賠一，他得罰錢一萬元，既然喜歡耍孤僻，不幸又耍錯了，當然是要付出代價，這樣才公平！別忘了，創投業者每個決定都是拿錢來當籌碼下注的；賭對了有獎金，賭錯了當然要賠錢！」

傑夫一解釋完眾人紛紛點頭，看來這個解釋過關了吧？傑夫想趁機下臺走人，所以趕忙開口說：「既然各位沒有其他問題，那就謝謝各位囉！」話還沒說完，沒想到剛剛首先發難的女生又舉手了：「哎，傑夫，你說的似是而非呢！表面看來達利的安排是很有意思，是提供了一個『獨排眾議』的舞臺，可是這只是內部意見，還是沒有解決揚名立萬的問題呀！」

創投界根本不可能揚名立萬

傑夫楞了一下，趕忙說：「這位同業果然厲害！會後請留步，我下一本書出版後一定親手奉上請教，交個朋友，妳現在就不要再提問題了吧？」

一聽此話，女生不好意思地笑了起來。話是這麼說，可是這個問題已經引起大家的興趣，很多人看著傑夫，這下不回答都不行了……

傑夫搔搔頭，有些爲難地說：「看來今天眞的碰到不打破砂鍋問到底誓不甘休的人了，但是我怕說出我心中眞正的想法以後惹大家不高興……」

停了好一陣子，左看右看，看大家並沒有就此罷休的意思，只好搔搔頭，很不甘願的說：「也罷！既然各位人多勢眾，我也沒有消防車的噴水龍頭來驅散群眾，只好實話實說了……好罷，我就豁開來講個明白。各位洗耳恭聽囉！

我根本不認爲創投界有可能揚名立萬的！」

這句話一丟出來，眞是有語不驚人死不休的效果，連少數幾位預備走人的聽眾都停下腳步回過頭來看著傑夫，大家更好奇了。

傑夫邊收拾東西，邊解釋道：「我這樣說是有根據的，

第一，最關鍵的原因是因爲創投的**舞臺都是別人的**，我們是受僱用來幫金主投資的，我們只是受僱來演這些角色，舞臺是金主的。

第二，即使創投界是有些檯面上的『知名大老』在，但是仔細分析看看，這些大老是因爲他們過去手上拿到的錢比較多，常常在媒體露面而產生的名氣呢？還是因爲這些『大老』

作了什麼漂亮案子而著名？

第三，即使過去曾經聽過某些大老作了個漂亮的『全壘打』，可是很多還不只是『一炮而紅』而已？以後有多少繼續成功的全壘打呢？似乎也不常見吧？

第四，最近情況變了很多，即使連知名大老要籌新的創投基金也未必籌得順利，創投界多的是拿不到錢的『過氣大老』。各位想想看，如果這些大老們投資報酬率都這麼好的話，他們要籌募新的創投基金爲什麼這個困難呢？

第五，最重要的是創投的 bottom line（經營底限）還是以**投資報酬率**爲唯一的根據，而報酬率是與整個資本市場、技術演進、應用市場息息相關的，並非個人可以預測得出來，大家都是憑自己的經驗、判斷來作決定，投資以後變數實在是太多了。

綜合這些看法，我認爲要在創投業揚名立萬，就必須找到可以提高報酬率的方法才行！可是今天現有的投資環境以及資本市場的景氣不賠錢就不錯了，要保證賺錢根本是不可能的事情！即使運氣好，因爲某個案子作得漂亮而出名，但也是很難持久的！所以我認爲在創投界要出人頭地？難也，難也……」

大家沒想到傑夫竟然會這樣說，會場頓時沉寂了好一陣子……大家聽了這話都有些無所措手足似的。這是怎麼一回事？創投不是最光鮮亮麗的一群天之驕子嗎？連出頭日都沒有了？

「照你這麼一說，我們還有什麼搞頭呢？創投不成了沒前途的辛酸行業了嗎？」終於有人忍不住地抗議。

傑夫聳聳肩，「哪裡！相較於其他行業而言，創投還是有很好的『錢途』的，待遇高總是事實吧！至於其他，創投也不過只是個job（工作）罷了，我們只是受僱來幫人家投資的，**能有高報酬的待遇，能有演出露臉的機會**，那不就是我們的最高目的了嗎？至於**舞臺，那是金主的**，我們何必奢想太多？

再說吧，這也不僅僅是創投業的現象，你想想看其他如證券業、基金經理人等等，只要與理財相關的，哪一個不是起起伏伏？江山代有才人出是必然的，哪裡見過揚名立萬、常青樹的人物？我只見過金融世家的揚名立萬，實在是沒有見過創投的常青樹的！各位賺的錢比人家多就好了，其他的你們又何必自尋煩惱呢？」

說完擺擺手，走人了；留下一堆楞在當場的創投同業。

後記

這篇文章是當初創投公會邀稿的內容，就是因爲傑夫認爲創投業界很難有出頭天，所以有感而發；後來再度改寫後放在此書內，特此說明。

7

創投罩門

君子可欺之以方

什麼是「把你的夢賣給你」？

什麼是「君子可欺之以方」？

哪些類型的投資者是最容易掏錢的「金主」？

投資者又有什麼可被利用的「罩門」呢？

【前言】

創業者常常是當局者迷，而投資者卻都是旁觀者清，加上經驗多多，所以創業者總是玩不過投資者……

難道投資者都是天縱英明、智慧幹練、感覺敏銳、無所不能的無敵鐵金剛？難道投資者本身就沒有弱點嗎？

什麼是「把你的夢賣給你」？什麼是「君子可欺之以方」？哪些類型的投資者是最容易掏錢的「金主」？投資者又有什麼可被利用的「罩門」呢？

其實創投也是很脆弱的！

【故事主角】

座談會的所有與會者。
艾克特：座談會的主辦人。

座談會現場。只見A君行色匆匆走進會場，看來活動已經開始了，所以他先在座位後方站了幾分鐘，雖然發現一、兩個空位，不過都夾在座位內排，如果進去的話勢會必引起一陣騷動，還是暫時站在後面好了。

A君轉頭看看後面，還好他不是唯一遲到的聽眾，後面還有三、四個手拿站票的聽眾，看來和他一樣都是遲到派的……哎，遇見熟人了！有人正小聲地向他打著招呼：「嗨，A總，現在才來？」原來是熟識已久的K總，早年兩人還曾經在同一家公司工作過，不過K總早他兩年出去創業了，聽說混得還不錯，沒想到他今天也來了。

A君繼續左顧右盼，看到幾位見過面的老闆級人物，看來今天的座談會辦得不錯嘛，竟然這些人都來了呢！

「是不是接近尾聲了？」A君指指前方，低聲地問身旁的K總。

K總點點頭，「看來你是錯過精采鏡頭了，傑夫剛剛才講完創業者和經營者的迷思耶……」表情有點爲A君可惜的樣子。

K總話還沒說完，前方已經傳來傑夫結尾的問話：「對於今天的內容，不知道大家有沒有什麼問題？請自由發問。」投影片正好放出最後一張：「Q&A」，三個大字立即投影在前面的大螢幕上。

K總比了個手勢示意A君稍等，他轉過身舉起手問道：「傑夫，你今天所講的都是經營者或創業者的迷思，我聽了後覺得很有道理；但是我好奇的是，身爲投資者的你們有沒有迷思呢？能不能也講一些投資者的內幕讓我們見識一下？」

K總的發言立即引來哄堂大笑，紛紛朝K總投以讚許的眼光，接著所有人的視線又紛紛調向前方，盯著傑夫瞧，看看傑夫如何回答這個「反將一軍」的問題。

傑夫笑笑，順口說道：「沒想到第一個問題就是來『踢館』的！」這更引來哄堂大笑，一下子便把座談會的氣氛炒熱了。

沒想到A君雖然剛進來，但聽見K總這麼問，覺得這個問題有趣，他馬上福至心靈大聲地說：「我要echo（附和）這個問題！難道投資者都像你和畢修書裡所講的那麼敏感，對事情眞的都可以掌握得那麼恰當嗎？也未免太神了一點了吧！」這一問，現場更是哄堂大笑，笑聲幾乎要轟破屋頂。

傑夫故意擺出苦笑的臉，看看兩位，調侃道：「本來以爲這兩位朋友是我的『忠實』讀者，沒想到竟然是來踢館的，等會私下把兩位買書的錢退給你們，你們就不要再問問題了吧？！」說罷，連自己都笑起來了。

等到現場的笑聲漸漸平息，傑夫望向K總，問道：「這個問題很有意思，但是你們兩位爲什麼會問這個問題呢？」

小孩和大人打架

K總站了起來，娓娓道來：「噯，從你和畢修的書、你的演講，還有我自己創業跟許多投資者打交道的經驗，總覺得你們這些投資者似乎無所不知，我們所有的想法、企圖心，都很容易被你們看穿……」

K總還沒講完，傑夫眼角餘光已經看見許多人點頭附和了。

「照你所說的，投資者不只訓練有加，經驗又很豐富，看過很多豬走路。」K總的話又引來一些笑聲，有人很不以爲然地小聲嘀咕：「我們怎麼突然變成豬了？」還有人忍不住搖搖頭，似乎不太同意這樣的形容詞；傑夫眼觀八方，趕緊做個手勢請K總繼續發言。

K總有些遲疑地繼續解釋：「我的意思是投資者除了專業訓練、經驗累積，再加上你們書裡舉這麼多例子教他們這麼多劍道、劍術和劍招的，讓VC都成了身經百戰的**老江湖**、**老狐狸和禿鷹群**，讓我感覺與投資者打交道的時候簡直成了小學生和無敵金剛打架一樣，我們必然挨宰嘛！」K總以開玩笑的語氣抱怨著，然而大家聽了後似乎心有同感，現場頓時安靜了不少。

「有時候我在想，如果兩邊的談判地位眞的如此不公平的話，我們創業者豈不是完全居於劣勢，任人宰割嗎？投資者對我們好像是一個巨人耶！」停了兩秒鐘，他又問：「難道巨人就沒有致命傷嗎？即使是希臘神話裡面的什麼阿里斯的神也有致命的罩門呀！難道投資者就沒有罩門了嗎？」K總抬起下巴，攤攤手，看著傑夫。

「什麼？阿里斯的神？」現場隱隱然有幾個聽眾傳出困惑的聲音。

傑夫笑了笑：「哇！考起希臘神話來了！」看看現場，許多人一臉茫然，所以對這個希臘神也略知一二的傑夫接著解釋說：「根據我的印象，這位先生說的是阿基里斯，阿基里斯的母親生他的時候，爲了讓阿基里斯英勇無比，所以提著阿基里斯在冥河浸了一下，就可以刀槍不入；可是浸的時候，因爲有一片樹葉蓋住腳踝因而沒有浸到冥河水，所以阿基里斯全身都是刀槍不入，唯讀腳踝的部分有一個致命點，所以叫做『the heel of Achilles』，意思就是指『罩門』，關於這神話，我應該沒說錯吧？」

投資者也有罩門吧？

傑夫解釋完後，現場安靜了幾秒，接著有些與會者紛紛要求……

「對，能不能跟我們分享一下，到底投資者的罩門在哪裡？」

「告訴我們一些如何應付投資者的竅門吧！」會場因爲幾個人的附和而鼓譟起來。

「哇！看來『**我們投資者**』和『**你們創業者**』結怨甚深哩！我今天來演講，這不是羊入虎口，自己送上門來當個代罪羔羊了嘛！」傑夫故意怪腔怪調地開玩笑。

「你是禿鷹，我們才是羔羊！」有位聽眾接口，惹得大家又發笑。會場的氣氛顯得很輕鬆，話題卻很尖銳。

「這個話題挺有趣的！」傑夫推波助瀾地說：「大家再想想看，有沒有其他的意見？你們和投資者打交道的時候，眞的像剛剛這位朋友所講的：好像小孩和巨人打仗嗎？這樣認爲的請舉手。」

在座的聽眾在一陣你望我、我望你之後，竟然有三分之二的人舉起手來！

傑夫故意搖著頭說：「看來我是自討苦吃！我與畢修寫了幾本創投的書，目的本來是想讓創業者了解投資者的心態與思慮的；沒想到你們竟然認爲我是寫給投資者看，然後再拿來對付創業者的……眞是冤枉呀！」

說到這，又有人舉手說：「創投裡面本來有不少的菜鳥，可是我看那些菜鳥看了你們寫的書以後，原本不會使那些伎倆，現在也都學會了，你們的書其實應該算是ＶＣ教戰守則才對……我們現在和創投打交道，眞的就是與巨人搏鬥的感覺噯！」

「是啊……」附和的聲音不絕於耳。

投資者都有盲點

聽眾七嘴八舌，你一聲我一語，演講後的Ｑ＆Ａ居然變成了抱怨大會，傑夫趕緊擺出手勢請在場的創業者和經營者安靜片刻，「各位放心吧，造物者是公平的，投資者當然也有許多罩門與迷思；有創業者的迷思，當然也有投資者的迷思。其實投資者並不像各位所想像的那樣什麼都能，都不會犯錯；事實上投資者犯錯的比率還不少，不然怎麼會有這麼多『槓龜』的投資案件呢？人家說創業的成功比率不到百分之五，各位想想看，不就等於百分之九十五的投資都是泡湯了?這不就證明投資者經常犯錯了嗎?放心吧，大家彼此彼此……」

傑夫本來想簡單帶過這個話題就算了，可是A君飛快地舉起手，語氣有些咄咄逼人:「噯，傑夫，這回可不能讓你輕易逃過囉!你自己也在書上說過:投資者經常會講了一堆乍聽之下很有意義的話，可是仔細推敲後卻是什麼也沒說，看來你現在也是在故技重施的呦!」半帶開玩笑，半抗議的語氣。

「是啊，」K總也站了起來跟著起鬨，「既然難得來一趟，乾脆好人當到底，告訴我們一些投資者的『罩門』嘛……」

A君和K總這一搭一唱還眞讓傑夫有些爲難……也罷!傑夫拿起麥克風，故意裝出一副成竹在胸的模樣宣告著:「我是什麼人哪?是洞庭湖的麻雀，經過大風大浪的耶!你們敢聽我就敢說!」於是傑夫慢條斯理地喝口水，大方地應戰:「本來這是不傳之祕的，不過各位既然這麼感興趣，今天就爲大家揭開一點『神祕的面紗』吧!」

傑夫看看全場，一片靜默，確定大家都很專心後才不慌不忙地開口:「身爲創投者，罩門多得是，其中最可以利用的就是『把你的夢賣給你』，也就是所謂的『君子可欺之以方』!」說著說著，傑夫轉身在白板上寫下「夢」與「方」兩個字，然後再面對所有與會者，「各位曉不曉得什麼叫『圓夢』?什麼叫做『君子可欺之以方』呢?什麼是『方』?」

前排馬上傳出一個聲音回答:「方者，術也。」

「對，『方者，術也。』」傑夫循聲看看回答的人，讚了聲「了不起」之後開始解釋：「君子可欺之以方，意思是說君子可欺之以術，君子其實很容易被騙的。」傑夫故意對著聽眾眨眨眼，俏皮地說：「君子其實指的是投資者……各位，我是在告訴你們：投資者是很容易受騙的！因爲投資者都有個夢！只要你投其所好，讓他相信你創業要做的正是他認爲最有機會成功的，甚至有機會幫他圓夢，你就有機會欺負這些投資者；從另外一個角度來看，不是你去騙他，而是**讓他自己去騙自己**，你只是從中獲利而已。」

「傑夫，那你有沒有被騙過呢？」忽然有人問道。

傑夫一聽，哈哈笑了；這一笑把大家的好奇心都勾起來，緊緊盯著傑夫，期待傑夫的回答。

「我不能告訴各位我有沒有被騙，因爲這一來你們就可以猜出我有沒有夢了！不過我可以舉例間接回答大家的疑問：上回有次演講，聽眾問我有幾類的投資者，我說過投資者可分爲創投、天使投資者（Angel investors）和金融財務法人投資者（Financial Institution）；在這三類，有兩種人比較容易陷入『君子可欺之以方』的迷思……哎呀，你們一瞧就瞧得出來了嘛！」

傑夫一句吊胃口的話，引得大家開始議論紛紛。

大老闆的「the heel of Achilles」

「傑夫，我覺得金融財務法人最難騙……不對不對，也不能說是騙，應該說是最難搞定！」觀眾席中C君發言。

「對，財務法人確實是比較不容易被騙上當，你們知道爲什麼嗎？」傑夫望向回答的人，繼續追問。

「因爲財務法人比較不涉及感情，他們是由很多人負責同一個案子，彼此互相牽制，所以甲AO看完資料還要交給乙AO，之間可能要經過幾個AO，投資案層層關卡才會交給老闆；而且把關都是以書面爲主，金融財務法人的AO比較少與創業者直接接觸，所以難以被騙吧？」C君回答。

「沒錯！但是這樣的作法好案子也不容易爭取到就是……」

傑夫還沒有說完，有位漂亮的女士舉手反駁：「不對吧，你以前不是說這種財務法人的投資者都是只看財務報表，這報表上的數字是沒有意義的；研判該不該投資的重點不是應該要看人嗎？」

「唉，現在演講眞是愈來愈難了，大家都會『以子之矛攻子之盾』的招式了！」傑夫開玩笑地抱怨，「沒錯，我以前是講過這種只看財務報表的投資法人有他的缺點，可沒有說金融法人就不是好的投資者耶！你們可不要替我去得罪人啊！各位不要忘了，一家公司的成長有好幾個階段，不同階段有不同的需要；我當時所講的重點是財務法人的投資者不適合初創公司；然而等到公司經營到一定程度，漸漸上了軌道，慢慢成長了以後，金融財務法人對這階段的經營者又變成是必要的投資者，因爲他們不一定氣粗，但絕對是財大的，對即將上市的公司而言這也是必要的投資者！唔，這我們待會再來談，先回到君子可欺之以方的主題吧？

除了金融財務法人的投資者以外，另外還有『創投』和『天使投資』者。而創投又可分兩種：一種是向別人募錢的一般性『創投』；另一種是corporate創投（企業創投）。而最容易受到君子可欺之以方迷思的就是『angel investors』和『corporate investors』這兩種了。」傑夫斬釘截鐵地宣佈後，動作迅速地在白板上將剛剛寫下的「angel investors」和「corporate investors」圈了出來。

「怎麼說呢？」觀眾席此起彼落傳來疑問。

傑夫面向聽眾，視線掃了掃所有與會者，發現大家的興致愈來愈高昂，於是繼續解釋道：「舉個例子來說吧，我朋友F君的故事，他是某個企業投資部門的AO，有一天他來找我……」

接著，傑夫娓娓將故事敘述了一遍，原來是這樣的一段情節：

那天，F君苦惱地向傑夫訴苦：「我接了一個老闆交辦的案子，老闆花了很多時間了解這個案子，對方也費了很多時間跟我的老闆解釋；後來老闆覺得這案子走的方向非常符合公司將來拓展的方向，從策略上考慮，他的興趣很高。」

「既然符合公司未來的方向，老闆又有興趣，而且交辦下來了，你就體察上意嘛！」傑夫輕鬆地說；然後解釋自己這樣的說法完全是現代「撒拉力面」(salary-man) 的完整思考方式，理由有幾個：

第一，因爲臺灣很多產業逐漸面臨成長的挑戰或是轉型，既然現有的事業都不可能無限制地成長下去，所以經營者在公司成長到一個階段後自然會考慮該朝哪些方向多角化發展，或是在版圖內涉足新興事業，兩者都需要時間培育 (incubate)，否則日後臨渴掘井可來不及了。

第二，這種新事業的投資與進入新事業所需要的資源都不只是金錢的資源而已，所以也不是投資部門員工可以承擔得來的案子，往往需要公司其他部門的配合；既然是公司轉型、多角化的大案子，當然是由老闆自己主導。

第三，許多的投資單位都是秉承老闆的想法，工作的內容就是幫老闆做幕僚作業，而不是一個獨立單位，所以老闆想要投資什麼，當員工的當然就體察上意了，最多也只是提醒老闆一些可能的挑戰；至於聽不聽、該不該投資，就不是一個當員工的要擔心的事情了。

基於這樣的想法，既然老闆有所指示，方向已定，當員工的有什麼擔心的呢？

然而在F君眼中事情沒有那麼單純，只見他愁眉苦臉地解釋：「傑夫，你也知道投資新事業未來的不確定性有多高，尤其新事業成敗主要都掌握在人的手裡，而不是錢而已；我擔心的是到底我們對這些新空降部隊或是外來創業者的掌握度有多少？既然是新事業，這些人當然是與我們不同類型的囉，我們也不清楚他們的思考方式與遊戲規則；經過這些時間的研究與相處，我總有種不踏實的感覺……」F君邊說邊搖頭，「貿然投資的話，風險實在太高了！」

「先不說這個，先看看投資金額多少？錢不多的話就不必擔心太多吧，要進入新事業哪能沒有風險呢！」傑夫問。

「話也不能這樣說，雖然我們是企業投資部門，但也要有自己的想法才行，在公司做事要有自己的獨立思考，長期才能找到立錐之地以安身立命，不是嗎？不管投資的錢多錢少，我都應該盡力而爲吧！」F君很不以爲然地反駁。

「當然，當然。」傑夫不想得罪人也不想爭論，趕忙安撫一下，頓時卻也對F君的評價提高很多，跟著馬上轉換話題：「到底多少錢？」

「對方一開口就要兩億呢！」

「哇！太高了吧！爲什麼一開口就要那麼高的投資金額呢？老闆認爲怎樣？」

「我跟老闆提過這個投資金額太大了，我們又不了解相關的『眉眉角角』，所以是不是應該再多小心些？結果竟然被老闆搶白了一頓，他說投資大事業就是不能小鼻子小眼睛的，這是一個深耕型的新事業，投資後短期內不可能賺錢，需要花費相當多時間找新的人才、新的技術和策略夥伴，所以老闆也很清楚不可能在短期內就獲利；況且他也認爲如果這是一個可能的方向，而且符合公司整個經營方向的話，即使花的錢多一點，就算是一、兩億又有什麼關係呢？一旦能夠成功的話，報酬率絕不只幾個億！即使做不成，公司對這兩億也還負擔得起！這叫我怎麼說呢？我小心辦事情竟然被說成小鼻子小眼睛！」F君連珠炮地把老闆的想法解釋清楚，還可以聞到幾分火氣。

「既然老闆都說得這麼清楚了，你有什麼好煩惱的呢？」傑夫有些納悶。

「問題是我的立場和老闆不一樣呀！」F君的臉都快揪成一團了。

「噯，你憑什麼認爲你是對的，老闆是錯的呢？況且你是拿人薪水的，拿錢辦差，你不懂呀!?」傑夫笑著問。

把老闆的夢賣給老闆

「你聽我說！」F君還是一副嚴肅的口吻：「有一次會談裡，我發覺這兩個創業者是個了不起的 sales（推銷人員），他們眞有夠厲害的，所有的說法都是以我們公司的角度出發，繞著我們公司將來的發展前景打轉，表示雙方合作以後可以幫我們轉型，可以幫我們多建立一個新興又有前途的事業，可以打品牌，可以進入新市場，不斷地幫我們老闆做夢，好像他們創業的目的是爲了讓我們公司奠立更大的事業基礎似的！看我老闆眉飛色舞的樣子，這兩個創業者的表演眞可以唱雙簧了！」F君口中雖說是在誇獎那兩位創業者，可是心裡卻很不以爲然。

傑夫還來不及表示意見，F君說得還不過癮，居然還幫傑夫做整理地說：「傑夫，你看對方的簡報技巧比你們厲害吧！第一階段先描述了我們公司的概況，說了一堆讚美的話，灌足了迷湯，然後再提綱挈領寫出我們公司未來發展可能面臨的瓶頸，雖然他們兩人說的頭頭是道，其實還不是從前幾次跟我老闆討論的過程中摘錄下來的，竟然當面『拿我們的土糊他們的牆』！最後再加上他們的技術優勢，這三階段眞是面面俱到，滴水不漏，」F突然哈哈笑了兩聲，「尤其是最後的總結最爲精采。」

「哦？說來聽聽。」連傑夫也好奇起來。

F君不以爲然又略爲激動地說：「最後對方還特別強調雙方一旦合作成功，以後他們公司具有技術優勢的產品就可以幫助我們把品牌行銷到全世界去，成爲臺灣BA品牌（指的是臺灣 BenQ 與 Acer 兩個國際品牌）以外，第三個世界性品牌！業績和利潤從此也可以跳躍式成長，重要的是還可以揚-眉-吐-氣！發揮臺灣產業結構的優勢，把我們公司在臺灣的地位推上另一個高峰！」F字字句句說得鏗鏘有力，聽起來卻有些像是咬牙切齒似的。

「別激動！別激動。」傑夫拍拍F的手臂安慰。

「呼！」F長長吁了一口氣，繼續說道：「這總結一說完，不只我們老闆，連我聽了都有點陶陶然，你說對方厲不厲害？似乎只要我們跟他們一合作，事業的版圖馬上就可以進展到更大的格局！厲害！厲害！厲害！」連說了兩聲厲害，還不停地搖頭。

「他們兩人有沒有提到投資風險？」傑夫問了個關鍵問題。

「哎呀，你明知故問嘛！對方是專家耶，當然提到風險了；不過選的時機眞好，在我們都沉迷於成功的良辰美景的時候，他們才輕描淡寫地到投資的風險；大家一頭熱，怎麼會仔細聽這些風險嘛！他們這才是『時然後言』哪！」

傑夫想了想，這兩個創業者果然是會說話，尤其是把投資風險事先挑明有兩個好處：

第一，投資當然都會有風險，既然把最大風險——兩億——都已經說清楚了，以後誰也不能詰問創業者有誤導的行爲。

第二，就是因爲他把醜話說在前面，所以別人反而認爲他們坦白呢！

傑夫問F君最後一個問題：「你會不會太杞人憂天了？你們老闆在產業界的能力、知識和經驗都是赫赫有名，不會這麼容易就被騙了吧？」

F君接下來的回答卻讓傑夫印象深刻，他說：「傑夫，這你可能就不了解我老闆在評估投資案時的心態了。其實不只我老闆，我發現一些大老闆一旦事業成功了，資金的資源相對變多了，也就更有膽量嘗試新的事業；另一方面因爲這些大老闆都有很強的憂患意識，老是擔心公司未來的發展出現瓶頸，一旦看見有人能幫忙介紹新事業或是引進新技術便興趣盎然；即使這個新事業成功機率只有三〇％，他們有時候也敢賭！換句話說，我覺得這些成功老闆心裡的『可承擔風險』比以前創業初期高得多，因爲過去資源比較少，所以不能冒太大的風險；現在就不同了，錢是英雄的膽嘛！」

傑夫提醒F：「你老闆也沒有錯，一旦這個新投資成功了，公司的格局變大，市場、業績是會增加；而且就產業面分析起來，這類型的新事業也很被大家看好，連政府都有些獎勵措施吧？看起來優勢也不少，你擔心什麼？」

看F君沒搭腔，所以傑夫繼續說：「再說吧，你爲什麼要反駁呢？當一個企業投資雇員（employee）的人，你只不過是幫老闆執行的人，如果老闆和每個主管都說好，他們都喜歡這個案子，那你就據以奉行，這有什麼不好呢？再說萬一這案子到時候眞的砸鍋了，會影響到你嗎？上頭的人都說好的，跟你沒有關係嘛，你也不必負責，對不對？即使你認爲不好，難道有十成把握這個案子一定不好嗎？何必與自己前途過不去？」

沒想到F一聽此話大不以爲然，瞪著傑夫叫道：「就是因爲我認爲『絕對不會成功』，所以才來找你幫忙想辦法嘛！」

「好了，故事就說到這裡。」傑夫看大家興趣很高，隨意問說：「大家都知道F君的理由是什麼了吧？」

「把夢賣給你！」

傑夫拍拍手，回應：「嗯，了不起！」又接著對那人說：「正確的說法應該是『把你的夢賣給你』，你說是不是呢？」

傑夫在講臺前面走了一圈，看大家都很專注，於是停下來拿起筆將白板上面的「君子可欺之以方」圈了起來，邊解釋說：「這就是君子可欺之以方的例子！如果你的賣點能契合他的夢想，『把他的夢賣給他』，你就找到投資者的『罩門』了。以我朋友F君的例子來說，還有幾個很有趣的說明，我慢慢解釋給各位聽：

第一，雖然這兩個創業者是把老闆的夢賣給老闆，對大老闆來說，他可以藉由這兩個創業者的合作而實現心中的夢想，他已經 buy in（接受）這個 idea（想法），這位老闆對投資案的考慮因素就變了，他想的是這個『風險能不能負擔得起』，而不是『投資報酬率』，這可是最重要的關鍵差異！

第二，這個大老闆心想那麼好的投資案，如果不把它攔下來，很可能被競爭者接了去，到時候一來一回間，自己的公司與對方在規模上的差距恐怕更難以彌補。這種怕自己失去或怕別人得到的心態，有時也會主宰這些大老闆做投資決策的思考。

第三，F君和老闆的差別也在這裡，F君只是個雇員，所以他的考慮點只有『投資報酬率』，他想的是如果現在投資兩億，以後的成功機率是多少？可能的投資報酬率又會是多少？

這兩個人的思考都對，老闆看的是投資成本在最差的情況下能否承擔得起，只要公司承擔得起，即使成功機率只有五％或十％；但是一旦成功之後，公司的收穫這麼可觀，當然要投！然而F君想的是投資報酬率，所以當然不該投資！這兩個人思考邏輯不同，硬要湊一起，怪不得有些『雞同鴨講』囉，難怪有爭論，你們認爲有沒有道理？」

「傑夫，照你這麼說，F君根本不必反駁嘛？！」觀眾席中有人喊了句話。

「哈哈！」傑夫一聽，笑著說：「這位朋友的反應倒是跟F君不一樣！是啊，爲什麼要反駁呢？」

「可是你這樣講又矛盾了！我聽過你其他的演講，你說過身爲投資者，既然在公司的投資部門負責公司的投資案，那就應該有自己的主張作爲安身立命的基礎，如果大家都只是一味地體察上意，唯老闆的命是從，要這些人有何用？話說回來，萬一這些人都有自己的主見，而一味地從中作梗的話，就算我們懂了『君子可欺之以方』的訣竅，會把老闆的夢賣給老闆，找到罩門也過不了這個『有主見的擋路神』耶！你又怎麼說呢？」與會者中有個很專心聽講的創業者問。

「哇，這才是眞正來『踢館』的，還好不是公司股東會，不然這位仁兄可能會被保全請出場了！」傑夫笑著開玩笑，唉地嘆了一口氣，「現在演講眞累，連講過什麼都會被用來將自己一軍。」傑夫的話又引起一陣笑聲，大家對答案可是興趣盎然極了。

「好吧，我還是引用一個W姓投資者的話來解釋得好，小人在先，萬一我說的不對的話，你們找他去負責，別來找我！幾年前，我與這位W姓投資者一起吃飯討論一個投資案的時候，他說我們這些投資者對投資的看法就像買了戲票去看創業者演戲一樣，對於自己演不了的戲碼，花錢買票去看看年輕人演給我們看！」

傑夫說完，環顧了在場的聽眾，繼續說：「拿他的話來說，只要你能幫他圓心中的夢想，他對你就特別有感情！事實上很多投資者不是只考慮將本求利，**當一個投資者投資時若帶進了個人的情感和夢想，這時候是最容易找到他的弱點的**，君子可欺之以方嘛！你只要對症下藥，找到投資者的喜好，尤其是那些喜好並不是世俗的吃喝玩樂，而是關於事業上甚至是他人生的一些夢想，這時候最容易打動他們的心；一旦打動他們的心，他的下屬或其他人都很難說服這些老闆的，其他人的反對根本也起不了什麼阻止的力量。你們說是不是？」

說到這，傑夫拿起水杯暢飲，最後禮貌性地說：「我看時間也不早，最後一個問題吧？不然大家就各自閃人囉！」

傑夫正想就此結束，說時遲那時快，後排竟然有人舉手，「傑夫，你能不能告訴我們，是不是每個投資者都有個自己的『私房夢』？」大家連忙轉頭看是誰問了這個『攪局』的問題；只見最後一排坐著發問的人可是一臉正經，沒有絲毫開玩笑的神情。

人，可改變、可操弄！

傑夫想了一想，「不一定！我想 corporate investors 和 angel investors 比較容易有個人的『私房夢』，但是天使型投資者因爲用私人的錢投資，所以膽子也不會太大，他們對每個案子所投資的額度都有一定限度，即使他心中有夢，所投資的錢也不會多到哪裡去；可是企業投資者就不同了，如果你能把夢賣給企業大老闆的話，你能夠得到的資源就不得了！眼前也許是兩億，合作一段時間之後，他感覺非常有成功的機會，說不定會繼續加碼呢！」

傑夫有意停了一會兒，確定所有聽眾都聽懂了以後，又繼續說：「另外一種狀況有時候也會發生，就是當你公司成立後的經營並不如當初計劃的那樣理想，而持續虧錢接近倒閉時，這些老闆有時甚至會爲了**自己的面子**，繼續拿錢出來讓你玩下去。」

「你的意思是說這些大企業老闆的錢比較容易拿得到囉？而且幸運的話，還有可能像是挖到一個無窮盡的金庫囉？」剛剛發問的聽眾再緊接地問。

傑夫還沒回答，觀眾席中冷不防又冒出一句話：「眞難相信創投也有作夢的時候啊？！」這句若有所悟，卻又半帶嘲諷的話一出，立即又引起哄堂大笑。

傑夫也跟著聽眾笑了起來，然後很感性地爲今天的演講做個結尾：「大家都以爲投資者是冷酷的禿鷹、是嗜血的、是沒有感情的，其實投資者也是人啊！投資到了最後還不都是人來做決定的？只要是人，難免有優點和缺點，有可乘之機！投資者即使事前做了再多的研究，最後眞正在做判斷時，還不是靠 guts feelings（直覺）！有誰的決定是完全依據數字的！投資案例的眞正價值也很難完全以數字化估算的嘛，尤其創業初期，哪有什麼東西可以數字化？就算眞的數字化了也不可靠！」

傑夫講完後看著聽眾，發現大家好像還意猶未盡，於是他又接著說了一個個人早年聽來的一段課程：「記得我第一份工作是 sales，剛進去受訓時第一堂課是由一位資深業務主持，他開宗明義就告訴我們：『People are chemistry』（人是化學的），意思是人會產生化學變化是正常現象，而且人必然會產生變化！第二，『People are changeable』（人是可改變的）。第三，『People are manipulated-able』（人是可被操弄的）。這三句話，也可適用在投資者身上！所以你只要投投資者所好，你就可以改變他，君子可欺之以方的關鍵在於你能不能找到這個『方』啦。好了，今天就到此結束吧，謝謝各位。」

傑夫擦擦汗，在滿堂掌聲中，從講臺走下來，拿了自己的東西預備走人了。

後記：你以為「君子可欺之以方」，小心「陪公子讀書」！

演講結束後，因為演講的主辦人艾克特剛好有幾個投資案想和達利討論看看有沒有合作的機會，所以與傑夫和畢修另外約在附近的咖啡店碰面。

畢修早就在咖啡店等了，看見兩人走進來，起身與艾克特握了握手，並打招呼式地問：「怎麼樣，今天的演講如何啊？」

艾克特毫不遲疑地回了句：「那還用問嗎？當然是滿堂彩囉！」

熟識的三人在咖啡香裡先天南地北地聊了好一會，艾克特突然想起什麼，問道：「傑夫，我對你剛剛所講F君的例子非常好奇，後來你是怎麼建議他的呢？」

傑夫聽了一楞，「怎麼說？」

「別裝蒜了，根據我對你的了解，你最後一定給F君提供建議了，而這個建議可能不適合在今天的場合公開說的。」

傑夫聞言放聲笑了笑，老朋友果然是個明白人。「讓你猜中了！」傑夫拍拍艾克特的手臂，一五一十地轉述當天提供給F君的建議。

原來傑夫給F君的建議是這樣的：

一、當然是尊重老闆的策略決定，投資此案。

二、可是不要一開始就投資大錢，雙方先合作一兩個專案。傑夫建議F君告訴老闆說他們應該先和對方做生意，就像『試婚』一樣，先試試看，先『試婚』再看是不是『適婚』？先合作一、兩個專案，合適的話再進一步走上紅毯，倘若不合適，雖然兩人的願景是一樣的，但不能因為願景一樣就非得結婚不可，不是嗎？

「這樣說來，你也贊成男女雙方在結婚前先試婚了？」艾克特逗趣地問。

「耶，別瞎扯！這只是類比的例子嘛！」傑夫揮揮手，做勢打人狀，接著又說：「言歸正傳，其實還有其他 corporate investor 的朋友問過我類似的問題，我一樣建議這些朋友向老闆提議雙方先合作，先合作一、兩個專案再說，既然這個投資案是基於公司在未來發展上的策略規劃或意義，也就代表雙方以後合作的機會很大，最好事先熟悉雙方合作的模式，以了解彼此做事的方式、對錢的態度、工作效率，同時也給雙方的團隊有多一點的機會相互熟悉對方。」

「哦？」艾克特想了想，「雙方先合作？嗯，倒是不錯的建議！」

「是啊，先合作，投資者至少可以驗證許多事情：一、對錢的看法。二、對方到底是不是個好團隊。三、做事的方法。四、彼此間的互動。總之，一步步來嘛，既然對方的遠景很好，自己也有興趣創業，那就先合作一個 project（專案）嘛！」

「可是萬一這家公司眞正做到一個程度，財務上也能夠比較獨立了，這個時候F君這方會不會喪失接下來的投資機會呢？」艾克特倒是挺有追根究底的精神。

「那倒未必！」傑夫輕啜了口咖啡，齒頰殘留了濃濃的咖啡香，神情輕鬆地說道：「我們可以從幾個角度來分析：

第一，其他可能的投資者看這家公司，大多會認爲這家公司因爲跟F君這方有了密切的合作，而把他貼上了標籤，所以在投資上總會有一些顧慮。

第二，雙方的合作也會引起其他 corporate 的觀望，看看到底他們的合作能不能成功，以及這家公司的新技術或新市場到底有沒有成功的機會。說穿了，正好拿F君他們當白老鼠嘛！也就是說別家 corporate 會觀看整個進展，不會急著搶進投資，要嘛也會等到他們做到一定程度之後再來考慮要不要投資。

第三，從這家 start-up（初創公司）來看，如果跟F君這方合作愉快，又有專案在進行，也會有些營收，至少可以有NRE（non-recurring-engineer charge，一次性技術委託收費）收入，這時他們對於找新的投資者反而不會像過去一樣那麼積極。

第四，既然創業者心裡面有進一步得到企業老闆投資的機會，所以一定會盡其所能跟 corporate investors 合作，因爲他很清楚萬一合作成效不彰，corporate 就不會再進一步投資了。這時候，就 corporate investors 來說，也才能得到他們想要的，包括：技術、人才，不正好可以反用剛剛我所說的『君子可欺之以方』，讓對方落入『陪公子讀書』的陷阱嗎？

總之，對付『君子可欺之以方』的反制策略就是用對方的資源、技術和人才來幫助自己成長，雙方合作專案。我不懂的東西你要教我，我不懂的人派去你那裡受訓，等到差不多了以後，如果雙方合作還不錯，或是眞的需要對方，再大筆地投資也不遲；如果做了一段時間發覺對方也不過爾爾，那就更不需要再投資了，合作過專案就可以結束了嘛！」

「這樣做豈不是佔對方便宜嗎？」艾克特問，語氣有些為創業者打抱不平的味道。

「這樣說吧，創業者利用了大老闆『君子可欺之以方』的弱點；反過來看，當創投的人就是要把不利的狀況變成有利的，何不正好利用這機會讓對方『陪公子讀書』呢？給對方一個釣餌，繼續釣對方的資源、技術，這樣不是很好嗎？雙方不論是你君子欺之以方也好，或是我叫你陪公子讀書也好，一旦雙方可以合作了而且真正合作的時候，其實也是兩個既精明又聰明，且對彼此都認識很清楚的生意人的互動；你知我知，雙方都知道彼此的底牌，我也知道你清楚我的底牌，你也知道我知道你的底牌，這時候雙方才能達到絕佳的合作模式，因為彼此心知肚明，不必有任何隱藏。藉由這個方式，雙方先合作，增加一些歷練、經驗和認識，不是比較妥當嗎？」

「唔……」艾克特思考著傑夫的話，有些詭譎，卻也無從反駁。

傑夫接著解釋：「我這樣建議為的是不讓F君得罪老闆。一般 corporate 的老闆都很精明的，雖然有弱點，但他們都很聰明，一定會衡量F君的提議；如果說這樣的提議對公司沒什麼壞處，或許就取個折衷吧！這一來，F君的意見至少不會跟老闆完全不一樣，也不至於違抗老闆的意思。哎呀，當一個受雇的員工最難的就是不-違-抗-老-闆-的-意-思-仍-然-能-表-達-自-己-的-意-見-啊！而且意見表達後，還要讓老闆覺得你是積極的建議，而不是消極的批評！難啊！」說罷，傑夫又喝了一口咖啡。

達利到底站在哪一方?

艾克特想了一想，臉色凝重地說：「我感覺你這樣的作法不是很好，你的角色到底是幫創業者還是投資者?我聽完你的這兩種說法以後，心裡有些毛毛的，不怎麼好的感覺耶!**你好像在挖個陷阱讓人跳進去!**」

傑夫一聽，楞了一下……馬上放下咖啡，小心地問：「怎麼說?」

艾克特一看傑夫認眞了起來，有些不好意思地笑笑，「也沒什麼啦，我只是好奇說，看起來你想兩邊都幫忙，這樣會不會讓自己搞到最後裡外不是人?再說吧，如果我是創業者，**我會有一種被你愚弄了的感覺**，你一方面教我利用投資者作夢的『罩門』，可是又教對方更狠的招數，讓我『陪公子讀書』，我會認爲被你將了一軍，感覺不是很舒服就是。」

「謝謝老朋友的提醒，承情之至，還有沒有?請一起說吧，我再跟你解釋。」傑夫認眞地說。

艾克特於是又想了一想，搔搔頭皮說：「還有兩個問題，就拿F君的例子來說吧，你怎麼知道對方必定是有不良企圖?一定是利用老闆的夢?他們出發點可能也是誠懇的，怎知一定是『欺』之以方呢?難道有才能的創業者向老闆毛遂自薦不也是取得資金的正當方法?」

傑夫正在沉思如何回答這個問題……艾克特又說：「最後還有一個問題，你教創業者和投資者不同的應對方法，對你而言，達利能夠得到什麼？」

傑夫又拿起咖啡喝了一口，調整了一下坐姿，然後微微抬起頭對艾克特說：「既然是老朋友，我感謝你問我這些眞情問題，我就跟你說實話吧！」其實傑夫心中自有一把尺，過去幾年來，以他和艾克特的交往經驗，倒是感覺艾克特這個人並不像其他很多創投同業的爾虞我詐，對達利一向也是「不能講的就老實說不能講，講的必是實話」，從來也不打花槍，所以傑夫對艾克特的問題也樂於「知無不言，言無不盡」。

「首先，我先回答你第一個問題。當時，就是因爲F君也沒有證據證明對方一定就有什麼明顯的不良企圖，只是他個人覺得那個投資案不夠 solid（紮實），所以我給F君的建議只是『陪公子讀書』，而不是『陪公子打球』；『讀書』總歸還是好事一樁，雙方一起讀書，還能發揮教學相長的效果，一起學習一起成長。F君的公司向對方學習他們自己不懂的技術；對方其實也某種程度在向F君的公司學習一些產品應用上的 domain knowledge；有來有往，雖說是在試驗期，但雙方也都有所獲。」

傑夫看看艾克特，發覺他一臉沉思狀，沒有等他反應便接著說：「有些比較狠的 corporate investors 用的招式卻是『陪公子打球』，打球雖說是娛樂兼鍛鍊身體，但總要花錢吧！你想想看，一個新創公司在草創階段是不會有收入的，所有的 activities，無論是買設備、找團隊、技術開發、市場開發等都是要花錢的。也就是說，狠一點的 corporate investors 會要求創業團隊也要自己出相對應數目的資金一起投資，等到這個新創公司的技術與市場開發到了一個程度，資金也用得差不多了，到了必須要增資的時候，這個 corporate investor 就可以好好地評估這個投資案值不值得大力介入；若是不值得，大不了就把過去小金額的投資放掉嘛！若是很值得的話，你想想那些創業者個人有多少錢可以繼續跟下去？而 corporate investor 資金資源雄厚，到頭來這個前景看好的公司不就是變成他的囊中物了嗎？當然，除非很必要，否則我個人是不贊成這種作法的，所以當時只建議F君用『陪公子讀書』的策略。」

聽到這，艾克特還是一臉沉思地沉默著。

傑夫似乎沒有停下來的意思，繼續解釋：「至於你的第二個問題，你想想看，創投最重要的安身立命基礎是什麼？我個人認爲是當『有實質價值的顧問』：當創業者的顧問、當投資者的顧問、當所有可以付我們錢的人的顧問。創投最重要的價值之一就是我們獨到的『看法與經驗』，再來就是我們的『產業關係』。

在我看來，創投的角色有如『mercenary』，噢，就是『職業傭兵』的意思，**創投是一個被僱用的行業，誰需要我們的經驗與知識而又付得起錢，我們就爲他工作**；藉著爲這些『雇主』工作，我們得到報酬，也讓自己與這些雇主之間建立起互相的信任與密切的關係。

至於是不是挖陷阱？這就言重了，因爲當創投的我們不過是像下棋一樣，把各種可能的步驟以及後果先想清楚，然後對方可能採取的步驟也想到一個程度，之後就是看實際狀況演變，見招拆招了，投資的事情狀況太多，也不可能我們怎麼規劃就怎麼發生的，對不對？」傑夫看了見底的咖啡杯，轉而拿起旁邊的水杯喝起水來，繼續又說道：「所以關鍵處要看是誰給我好處了！投資者給我好處，我就爲他獻策，告訴他如何用最少的資源取得最大的效益；如果是創業者給我報酬，我就告訴創業者如何找到投資者的罩門！所以我告訴今天的聽眾這些方法，最重要的目的其實是在推銷達利，推銷我們自己的能力與經驗，讓他們，包括創業者或是F君，都知道我們的經驗與能力是其他創投業者難以比較的，這樣才能突出達利在創投界的競爭優勢！也才能在創業者之間建立我們的口碑，如此一來案源才會不斷地自己送上門來！」

傑夫對這個話題似乎有些言無不盡的興致了……「告訴人家這麼多謀略，從外表看起來似乎達利沒有得到什麼好處，其實你不知道，這整個過程中得到最大好處的卻是我們自己！這都是達利的『行銷』與『市場區隔』的手法呀！老哥，您是老實人，所以只見其一不見其二。」

艾克特皺皺眉，「會不會有利益衝突？萬一對立的兩方都找你幫忙，都給你報酬呢？」

「當然會有衝突，不過這就是『職業道德』了，我們內部有很嚴謹的規定，就像是律師樓一樣，這是專業與長期信用問題，換句話說我們在接一個顧問案例的時候有幾個原則是一定要遵守的，也是必須跟所有的『客戶』說清楚的：

第一，已經接的案例就不能因爲別人出的價碼高而反悔。

第二，如果委託我們當顧問的公司與我們既有的客戶或是投資組合裡的公司有所衝突的時候，我們有拒絕的權利。

第三，基本上我們的本業還是以自己投資爲主，當顧問是爲了增加自己投資的案源與競爭力，不可本末倒置。

所以不會有你所擔心的事情發生的啦……不然我們公司在創投界還會有立足之地嗎？不過我實在是謝謝老朋友給的提醒！先讓我表示感謝，感謝！」傑夫拿起水杯愼重地敬了艾克特一口，算是給自己這長篇大論做一個結束的動作，搞得艾克特笑了起來……

傑夫似乎又想起什麼來，又開口說道：「對了！至於你剛剛提的『毛遂自薦』的情形是有可能，不過是不是『欺之以方』，就要看對方是不是『貪心』了！」

艾克特好奇地問：「這怎麼說？」

「如果是一個沒有不良企圖的創業者毛遂自薦的話，他是不會一開口就要兩億元的！他如果有信心的話，必然同意大家應該逐步地注入資金才對，不應該什麼都還沒有看到就要對方拿兩億元給他；即使在公司內部爭取預算也是依照進度請款，哪有人一次就要把錢拿到自己手裡的呢？這就是驗證方法之一。」

「可是你也說過這種『深耕』型的案子要很多錢才夠，不把需要的錢一次拿清，以後做到一半老闆不投資了，你怎麼辦？照你這樣說，還有其他驗證方法囉？」艾克特又提出另外的問題。

「問的好！當然是有面面俱到的解決之道囉，也有其他方法可以驗證，不過這不能免費提供，要待價而沽囉！所以請老朋友容許我暫留一手吧，不然哪有錢請你吃飯呀！」傑夫突然露出一個狡黠的笑容，邊說邊笑地把手上水杯裡剩下的水一口喝光。

無人傷亡又雙雙獲利的最高境界

在一旁的畢修自從傑夫開始向艾克特解釋他的「陪公子」理論後就沒有開過口，好像是一個隱形的第三者，只是靜靜地坐在旁邊用他完全沒有任何表情的「二號表情」看著這兩個人。只要傑夫一開始講話，通常畢修就是表現這副德性，他只是靜靜地觀察對方的表情以及反應；有時對方一個不經意流露出的表情，看在畢修眼裡，傳達給畢修的訊息比對方用嘴巴講的千言萬語還要多、還要眞確。這種在與對方談話時，觀察對方表情所透露出來的訊息的修練也是達利同仁的必修課程之一。

艾克特在聽傑夫解說「陪公子」理論時所流露出來的表情，自然也沒有逃過畢修的眼睛。現在畢修擔心的倒不是艾克特不尊敬達利的專業能力，他擔心的倒是艾克特剛剛那「七分尊敬三分畏懼」的表情裡的那「三分畏懼」，艾克特的表情似乎在告訴畢修：「你們那麼精，凡事思考得那麼周密，而且怪招又那麼多，我以後哪敢跟你們合作啊！被你們賣了，還得幫你們數錢，那就大大划不來了！」

所以畢修決定插話，他轉眼看看艾克特，確定艾克特也回眼看他時，說道：「嘿！艾克特，你想若是東方不敗跟獨孤求敗兩個人比武，誰會贏？」

對畢修突然拋出的無厘頭的問題，艾克特有一點丈二金剛摸不到頭腦，因而也無厘頭地回道：「你指的是金庸裡的還是古龍的？」

「我還獨孤紅的呢！」這是畢修的一貫手法，當他想要把對方的注意力引到自己身上時，總會用一段看似完全不相干，但卻可以做爲所要發表的高論的起頭的無厘頭話語來吸引注意力。

「重點不在東方不敗跟獨孤求敗兩個人比武誰會贏？而在於他們在分出高下後，兩個人誰也沒有受傷，不會像一般人的比武，非得弄到最後必須有一個倒下的局面才行。」

「哦？怎麼說呢？」顯然艾克特的注意力已經從剛剛傑夫的「陪公子」轉到「東方不敗與獨孤求敗」上來了。

「最高級的談判不只是在『知己知彼』，還要能夠『知彼之知己』，也能夠讓對方『知己之知彼』。其實剛剛傑夫已經提過了，可能他講得太快，你沒有聽得很清楚，剛剛傑夫說：『你知我知，雙方都知道彼此的底牌；我也知道你清楚我的底牌；你也知道我知道你的底牌；這時候雙方才能達到絕佳的合作模式，因爲彼此心知肚明，不必有任何隱藏』，其實就是這個意思！」

搶到發言權的畢修，倒也不會輕易地就又拱手讓人，因而緊接著說：「在東方不敗與獨孤求敗兩個眞正武林高手的比武過程中，還沒出手之前，兩個人誰都曉得自己有什麼功夫，對方有什麼功夫，也同時曉得對方對自己也是知之甚詳，也知道對方清楚自己知道對方的功夫底細一事。所以，兩個高手面對面站著，心裡思量著第一招要出什麼招，我出了這招對方必會用什麼招回我，我接下來用什麼招數，對方又會回我什麼招數……

眞正的武林高手過招，其實雙方想的都一樣，兩人各自在心裡與對方過招了三百回合後，這時東方不敗突然兩手作揖開口說：『容我再回去修練，三年後再來。』說完轉頭就走；留下來的獨孤求敗同時也知道這次求敗又求不成了。這不就是最高段的比武嗎？像是前一些時候的電影『英雄』裡面兩位高手的比武不也是這樣？

同樣的道理，在商業談判上不也是如此嗎？有人之所以會『爾虞我詐』，不就是因爲他認爲對方不知道自己的眞正底細，或是他知道了一些他認爲對方不知道他已經知道了的事嘛！大家都想要從對方身上多得到一點、多訛佔一點，以至於最後必須打到雙方都在泥地裡打滾，或是有一方倒下爲止。

所以，既然大家要合作，『開誠佈公』以及『裸裎相見』絕對是上上策；否則大家有得扯了！你不是有一些投資案要跟我們合作嗎？拿出來看看吧，時間不早了。」畢修做樣拿起手機看看上面的時鐘。

當然囉，達利與艾克特的合作與彼此之間是不是各有各的罩門？能不能被別人「欺之以方」？那就看各家功力與誠意囉！

8

玩完了

被繳械的創投業

即使能拿到錢的話，創投也玩不下去了！

主要原因就複雜了，最重要的部分是兩難：

「獲利了結的機會難」，以及「找好案源難」！

我們把它叫作「創投新兩難！」

【前言】

朋友的女兒想進入創投業，傑夫竟然告訴她「創投玩完了」，又是資金來源被斷流，又是創投新兩難，什麼獲利難，好案源也難的……

創投眞的被繳械了嗎？

【故事主角】

F君：傑夫的朋友

溫妮：F君的女兒

南風吹，夏天來，又是大學應屆畢業生找工作的時候了。

這天下午，傑夫不到兩點就趕到某家飯店，因爲昨天一早朋友F君約他喝下午茶，F還講明自己的女兒要偕同前來請教傑夫有關創投的工作狀況，這是傑夫認識多年的產業界前輩，所以絕不能遲到，加上還帶個女兒來，更不能讓對方留下壞印象。

沒想到傑夫已經刻意早到了五分鐘，客人卻來得更早，傑夫才走進飯店的咖啡廳，一眼就看到F君父女兩人早已坐在裡面等候著了。

傑夫非常不好意思，趕忙上前道歉。F看到傑夫，也馬上站了起來，笑著與傑夫握手寒暄，F雖然年紀不小了，可是精神卻非常好，黝黑的膚色顯示經常在戶外活動；雖然頭髮灰白，握手卻厚重而堅實。兩人打過招呼以後，F介紹自己身旁叫作溫妮的年輕女孩與傑夫認識；傑夫細瞧，是個長得好亮麗的女孩，年紀大概是二十剛出頭的七年級生吧，記得上次見面還是個高中生呢，沒想到一晃眼已經從國外的大學畢業回來了！

大家坐定、點好茶點後，F看到傑夫滿臉也是黝黑的日曬痕跡，笑著說：「怎麼？當創投以後還有時間去潛水呀？」

傑夫笑著回答：「創投嘛，只好拼命工作，拼命玩樂吧！你呢？曬得這麼黑，想必又出海釣魚了吧？我從拿到漁船駕照、結束海上救生小四項訓練以後還沒有時間到海上練船呢，只是抽空到南部潛了幾次水，太陽眞大，兩天就曬成這個樣子。」說完看看溫妮，稱讚道：「幾年沒見，長得這麼大了！怎麼？聽你爸爸說妳對創投有興趣呀？」

溫妮一點都不怕生，甜甜地笑笑，看看旁邊的爸爸，回答說：「是呀，我爸爸本來想要我去 I BANK（investment bank，投資銀行）工作的，可是我想到 I BANK 沒有自己的生活，似乎學的也比較偏狹，不如創投廣闊，所以我還是比較喜歡作創投……比較有發揮空間吧？」

當爸爸的一聽這話，趕忙半抱怨半開玩笑地說：「我可沒有要妳去作什麼呦，我只是建議！如果妳有興趣的話，我可以介紹妳去投資銀行；去不去是妳自己的事情。我這個當老爸的只能給建議，哪影響得了你？」

傑夫笑著接口：「這年頭當父母的不都是這樣嗎？關心罷了！現在當子女的都有自己的主張啦！對了，妳爲什麼對創投有興趣呢？有朋友在創投嗎？還是聽誰說過？」

溫妮面帶微笑地回答：「我沒有眞正在創投行業裡的朋友，也沒有什麼了解，只是看過一些有關創投的報導。」

「哦？你看過哪些報導？有什麼比較特殊的內容或是想法嗎？」傑夫之所以這樣問，是想了解溫妮到底對創投懂了多少。

「過去在外面租房子的時候，我的室友曾經訂閱一本雜誌，我閒暇時也會翻翻，叫作 *Red Herring*，有些對創投和 start ups（初創公司）的故事報導，除此以外我對創投眞的並不很了解。」溫妮輕聲回答。

「喔，*Red Herring*？那可是創投的專業雜誌耶！看來妳知道的還不少了嘛！」過了一會，傑夫好奇地問：「溫妮，妳知道那本雜誌收攤了嗎？」

「眞的？怎麼會！*Red Herring* 不是在創投很熱門嗎？」溫妮驚呼了一聲，連她父親一聽這話都掩蓋不了心裡的驚訝。

「是的，已經停刊好一段時間了，其實這本雜誌眞的是見證了創投業的興衰與起伏，過去的兩年，創投產業有了非常大的質變，一言以蔽之，就是：『今非昔比』、『盛況不再』。」

傑夫剛講完，當爸爸的F忍不住插嘴說：「嗳，傑夫，我可沒有爲了要你勸我女兒去I

BANK所以請你光撿創投不利的壞話說耶！我可聲明在先，不然溫妮還以為我跟你串通起來呢！」

溫妮一聽，馬上抗議，嬌嗔地拍了她爸爸一下，惹得傑夫哈哈大笑，連忙說：「絕不會是套好招的！我這個人絕對是言語誠懇、知無不言。雖然您是前輩，我也絕對不會因為要趨炎附勢、拍你馬屁就亂說話；我絕對平實陳述，不會有意歪曲。再說吧，有其父必有其女，看來溫妮也是玲瓏剔透得很，我唬弄得了她嗎？您言重了！不敢不敢！」

傑夫這一說，三人同時笑起來，方才的幾分生疏氣氛頓時轉為熱絡。

創投活水斷源，資金來源被斷流了

傑夫喝了口茶，慢條斯理地開口：「創投業眞的是有很大的改變，幾乎整個產業都改變了，我實在不認為溫妮應該考慮進入創投業。坦白說，我剛剛與朋友合著了一本有關創投的書，書名就是《創投之逆轉》之類的，現在已經完成初稿，等出版以後我送你們一本。言歸正傳，顧名思義，你就知道我不是開玩笑的了，在我看來，創投業眞的是玩完了。」

「怎麼說？」父女兩人這下都好奇得很，「創投業不能再玩了？」這種說法可從來沒有人說過。

傑夫嘆了一口氣，開始為兩人解釋創投業的改變：「要了解創投就要由幾方面同時來看，最重要的是資金來源已經斷流了！

你們應該知道，大家都以爲創投是投資出去的，其實創投最重要的是自己也需要找到金主，找到有意願出大資金的投資者。過去創投的資金來源包括幾部分，主要的是：有錢個體戶、資訊業、傳統產業轉型、金融保險業；這幾個金主投資創投都有各自的理由，像是：

一、有錢個體戶，這些金主過去在投資上自己找不到好的案源，投資出去也很難管理，而那個時候創投業的平均報酬率都很高，有幾年高達二〇％以上的，所以這些金主樂於把錢交給創投；另外就是當時的創投都有很多產業、政商關係，所以有錢的個體戶也藉著投資創投的機會可以結識產業大老、政商名流。可是自從幾年前股票市場崩盤以後，這些個體戶金主手頭也緊了許多，沒有太多閒錢給創投；加上近年來創投投資報酬率都很不好，甚至大部分都賠錢，這些資金個體戶一看把錢給創投不但不會賺錢還會賠本，當然就不肯再出資了！

二、至於某些資訊業的廠商，過去也扮演創投金主的重要來源；現在也不同了。當時資訊業百花齊放，很多新興的技術、應用層出不窮，這些資訊業大老闆忙於自己的本業都嫌時間不夠，哪有時間注意到整個產業的發展呢？所以樂於拿些錢來給創投，可以透過創投找些策略夥伴，或是介紹一些新興的技術與人才來源等等，這對本業很有助益；加上創投投資報酬率也很好，當然就很願意提供資金給創投了！然而現在完全不同了，資訊業不再需要創投提供新的技術、人才，因爲現在資訊業經過幾次洗牌，不行的廠商幾乎都出局了，剩下來的資訊業都是大廠，資源多、人脈廣，對新市場、新技術的需求自己收集比創投還有效得多，連投資也是自己搞比創投搞的好，因而根本不需要創投的幫忙了！甚至於創投還需要這些資訊業龍頭廠商幫忙介紹生意、評估投資案等等，現在反而是創投業需要資訊業幫忙的比率比較高，所以資訊業的金主自然也就不見了！

三、過去傳統產業爲了轉型到資訊業，所以很願意把錢給創投，透過創投引進新技術、人脈。不過經過幾年的發展，傳統產業要轉型的早就轉型了，要進入資訊業的也早就進入了，沒有進入的也不可能再進去；加上前兩年傳統產業資金需求很緊，股市對傳統產業也不利，既然資金比較緊張，當然不願意再把錢給創投了。

四、金融保險業資金消失是最嚴重的影響了。過去保險業、金融業是創投最重要的金主；現在所有的金融、保險業自己都組成了金控公司！金控公司什麼都有！有銀行、融資、股票號子、承銷商，甚至每一家金控都有自己的創投！金融界的朋友算盤打得最精了，錢給自己用才好，怎麼可能把錢給創投玩，還要每年付百分之二點五的管理費？不管賺不賺錢都要連續付七至十年？即使賺了錢還要給百分之二十的分紅！況且最近創投賠錢的居多，金融界怎麼可能當散財童子呢？一旦金控公司不肯再出錢給創投，加上金控自己的創投又是過去創投最大的競爭者，這些創投怎麼可能敵得過金控呢？錢沒有不說，連搶案子都搶不過金控的『全線服務』(full line service)，不管是企業融資、公司債、短期借款、長期信貸，甚至於股票上市承銷、上市後股票管理等等金控都一手包了，這麼多樣的一條鞭式服務，哪是創投可以比得上的呢？當然就讓創投業一蹶不振了！」

傑夫一口氣把創投最近的變化說出來，溫妮與父親聽得入神，原來創投業有這麼大的改變呀！

當父親的F喘了一口氣，對傑夫說：「你剛剛說的創投玩不下去，是因爲沒有資金來源的緣故……」

「是呀！你還想知道哪一部份嗎？」

「我是說，假設，完全是假設性說法，我聽說臺灣創投的最低資本額是臺幣兩億元，如果我找朋友幫忙，出個兩億元給溫妮來管理的話，是不是可行呢？」

傑夫看看溫妮，笑著說：「你這個老爸眞疼妳，願意拿兩億給妳玩耶！」

溫妮突然紅了臉，先拉長音調叫了一聲「傑夫大哥」後馬上反駁說：「你沒有聽清楚吧，我爸爸是假設語氣的耶！還要找朋友幫忙才行耶，如果你願意幫忙出錢的話，我當然樂於從命了。」

「我？我哪有錢！別開玩笑了！」說著說著轉過頭對溫妮的父親說：「哇，你這個女兒可不簡單耶，馬上就給我一個回馬槍將我一軍！」

「小孩子開玩笑的，你別當眞……不過你還沒有回答我的問題呀！」說是這麼說，F的臉上頗有因女兒犀利的反應而起的得意之色。

創投獲利難，好案源也難！創投兩難！

傑夫笑著說：「坦白說吧，即使能拿到錢的話，創投也玩不下去了！主要原因就複雜了，最重要的部分是兩難：『獲利了結的機會難』，以及『好案源難找』！我們把它叫作『創投新兩難！』我簡單地為你們解釋，如果你們有興趣的話，我再深入說明吧。

最難的是『獲利了結的機會難』！

美國過去股市很好，技術公司很容易就上市，一上市股價飛漲，人人賺錢；可是自從網路泡沫化以後就不同了，整個二〇〇一年美國上市公司數目只有二十一個，到了二〇〇二年上市數目只有十九個，二〇〇三年只有十八個！每年新設立的公司不下幾百，加上國際上的科技公司，我看整個加起來每年恐怕上千都有，可是只有二十家可以上市，其他呢？還不是沉淪下去了？

創投是將本求利，如果投資以後不能獲利了結豈不是比股市套牢還慘？臺灣股市也是如此，沒價、沒量的一大堆，很多公司即使上市也沒什麼用，賺不了什麼錢的。對了，這方面妳爸爸比我清楚，我不要在關公面前耍大刀得好，妳還是請妳爸爸解釋吧。」

溫妮回頭看看她爸爸，開玩笑地說：「哇，我差點忘了我的父親是臺灣股市大亨耶，得罪，得罪！」

當爸爸的最喜歡被子女取笑了，高興地哈哈大笑，連聲說：「豈敢，豈敢！我是俗人，還是請傑夫這有學問的人來解釋比較好，我說的不如他生動的啦！」

傑夫笑著打哈哈：「你這是說我實力不行，光會耍嘴皮子嗎？」

兩人一聽都笑了起來，氣氛更是輕鬆。當爸爸的看到女兒聽得興致很高，連帶也高興得很。看在傑夫眼裡感觸很多，天下當父母的人，不管自己事業多麼成功、成就再好，也比不上看到子女成長與高興來得重要！

過了一陣子，溫妮舉起手表示有問題。傑夫停下來看看她。溫妮問到：「雖然投資意願不高，但不就是少些投資數目罷了！這時候不是反而應該增加投資，趁便宜多撿一些便宜貨？有什麼不好呢？爲什麼你說創投不能玩了呢？」

傑夫點點頭：「妳眞是天生的『生意囝』（閩南語，表示很聰明，天生就適合做生意的小孩），不過這是只見其一，不見其二。

創投所重視的與其他金融工具一樣，『流通性』是最重要的了！如果妳投資一家公司，可是以後上市機會不大的話，那妳就慘了，因爲根本沒有辦法出脫，更不要說獲利了結了！妳現在投資，等到下一輪增資的時候找不到其他有興趣的投資繼續跟進的話，妳就得被逼著繼續出錢下去，到後來很可能整個公司所需要的錢都得妳來負擔，即使負擔得起，可是根本沒有上市的機會，這投資者不是自討苦吃，成了終身監獄一樣了嗎？所以雖然理論上來說是可以撿便宜貨，可是實質上，眞的敢撿便宜的人還不太多呢！」

「怎麼會這樣？難道沒有人願意賭嗎？」溫妮聽到這裡，有些奇怪地發問。

「你別打岔，讓傑夫繼續說完嘛！」父親怕溫妮還在繼續繞圈子，所以趕忙間接提醒傑夫繼續解釋吧。

傑夫點點頭，「至於『創投兩難』中的第二難就是可以找到的好案源愈來愈少了，所以創投也不能作了。

案源部分分幾方面來說，過去美國是創業的天堂，可是現在美國可以創業的題目實在是不多。過去很多技術人員由美國回臺灣創業，這就是『海歸派』（海外歸來的人），這些海歸派都是身經百戰的高手，所以創立公司以後很快就可以搞出名堂，投資者也可以獲利。

可是現在不同囉，一方面臺灣留學的人才『數量減少』很多；再方面即使留美的，也沒有當初這麼好的技術根基，『質量差了』許多；加上現在可以創業的題目若不是淺碟型題目，沒啥搞頭，就是題目大，耗費資源眾多，曠日費時，對創投而言，現在可以投資的案源減少很多！連我們都已經將近一年找不到好案子可以投資了！」

「你剛剛說的是海歸派，其他機會呢？像是大陸的投資機會呢？臺灣本土難道就沒有投資機會嗎？我聽說大陸不是經濟成長快速？總有好的投資機會吧？」當父親的也很好奇地幫女兒問問題。

傑夫嘆了口氣：「兩位有所不知呀，臺灣本土哪有什麼創投投資的機會呀！有好機會都給大公司自己的投資部門給包走了，哪會留給一般創投呢？至於大陸，我是不知道能不能投資，過去很多創投都去了大陸投資，後來很多人都是鎩羽而歸，認賠了事，聽多了大陸創投血淚談，短時間內我也不太敢去大陸作創投了。」

「好吧，不談大陸。你們自己不也是大公司的嫡系創投嗎？怎麼說都給大公司包走了，一般創投沒有機會呢？」溫妮好奇地問。

傑夫笑笑，端起茶杯喝了一口茶，沒有回答。

當爸爸的到底是在商場上打滾的，笑著對女兒說：「傑夫說的不是他自己，他是說給妳聽的。如果是『妳』自己當創投的話，好的機會都被大公司拿走了，不會留給妳這個一般創投的！」

溫妮一點就通，爲了自己的失言，臉馬上又紅了起來。

傑夫不好意思，只好解圍地：「哪裡，哪裡！只要是創投就不分彼此，局勢改變嘛，大家一樣難過的。」

創投其他出路也不通，購併機會不多，獲利了結也難

「對了，你剛剛都沒有提到『購併』，難道購併也不好了嗎？我在唸書的時候有一門課專門講購併，講的很有道理呀！購併的話不也是一個很好的獲利了結的機會嗎？」溫妮又提出個好問題。

傑夫不想在購併上面作文章，所以回答說：「購併當然是創投最歡迎的『獲利了結』的方式之一，只是最近看起來購併的規模、發生的頻率和次數，以及產業面似乎都不再像以往這麼熱絡吧？！以前還常聽說很多美國通信公司都有興趣購併其他公司，可是現在都沒有這方面的消息；其他產業的購併嘛，除了金融產業以外似乎也不太流行，所以我們也不是很看好購併這一個可能。當然了，妳說的很對，我們對購併是沒有很詳細的數字可以作爲佐證就是。」

溫妮聽懂了傑夫的暗示，所以點點頭，轉變了話題：「你剛剛所講的似乎都是大環境改變相關的因素，還有沒有其他因素讓你感覺創投沒有前途的呢？」溫妮繼續追根究底地問。

傑夫點點頭，稱讚地說：「果然犀利！妳問的很好！沒錯，我剛剛所說的都是產業因素！讓我們感覺創投難爲的最主要的因素是，我們發現現在新創公司的ＫＳＦ（key success factors，成功因素）與過去完全不同了！想要創業成功的機會是愈來愈低，這才是讓我們對創

投有些悲觀的主要因素。」

「哦？創業愈來愈難成功？這怎麼說呢？以前創業就容易成功嗎？」連當父親的都忍不住好奇心地問傑夫。

創業成功機會？愈來愈小！

傑夫忍不住苦笑，「對了，我先聲明，在創投界所謂的創業成功指的是可以順利地把投資的股票賣掉，能夠『獲利了結』這就是成功了，與能不能成爲大事業、賺大錢的『成功』想法不太一樣。這沒問題吧？

再回到KSF的主題來，我分兩個角度來解釋比較恰當，『技術導向』與『生意導向』這兩種公司在KSF上有些不同。我先解釋以先進技術爲導向的公司的KSF吧。

這類以技術導向的公司大部分都在美國，不管是在通信領域、軟體領域，或者是IC領域，過去只要保持技術的領先，比其他公司跑得快、作得好些，很容易就會被大公司購併；只要推出新產品，也會有很多客戶願意嘗試新技術，希望靠著新一代的技術提昇公司的競爭力；公司有些進展，不管是在技術或市場上，都很容易獲得投資人的青睞，所需要的資金當然就不成問題，即使要上市也很容易，有些公司連實際上的業績都還沒有，竟然也可以順利地上市，股價還不錯呢！

可是這種現象在現在完全不可能了！

第一，購併的買家不見了。想要靠購併來快速成長的公司現在很少見了；所以光是技術領先並不會成功。

第二，現在公司要找到新的投資者，或是要能夠上市的話只靠技術領先還不行。不管技術是不是這麼好，大家都要看到實際的業績收入才行，而對新創公司而言這就很難了；因爲很多技術都需要很長的時間來驗證與改良，眞的要看到業績收入？不知道要等到什麼時候呢！

就是因爲成功因素不同於以往，所以這類技術導向的公司在現在的環境要能夠成功就很不容易了。

再來看看臺灣這類公司的ＫＳＦ。

臺灣的公司過去都是以ＦＢＣＳ（faster、better、cheaper、smaller）爲主要的成功因素，只要你作的產品比現有市面上的快些、功能比較好、夠便宜、體積又可以縮小的話，你只要搶國外進口品的市場就吃喝不完，因爲臺灣已經是資訊產品生產以及ＯＥＭ的主要基地，所以只要一個產品作對，業績就可以很快地衝上來，公司也可以順利上市；即使還沒有上市，我們也可以在未上市市場裡面把當初投資的股票賣掉。可是現在公司的ＫＳＦ完全不同了，

第一，臺灣現在資訊業剩下來的都是大公司；過去很多中小型的資訊業廠商，現在幾乎

都被淘汰了。這些剩下的大公司都是身經百戰，產量都是以百萬計算，因爲量大，價格本來就有優勢，沒有必要換成臺灣本土生產的零組件；也因爲量大，所以對品質穩定性的要求特別高，這就難倒新創公司了。一般新創公司所推出的產品總是需要一段時間修改與驗證，你想這些大客戶怎麼可能爲了新創公司修改、驗證而冒著損失百萬計產品的風險呢？所以新創公司的產品想攻進大公司是愈來愈難了。

第二，此外，過去國外公司反應緩慢、價格也高，所以留給臺灣本土廠商很多可乘之機。現在不同了，國外大廠反應也變得很快，殺價也很阿沙力，有時候甚至殺得比臺灣本地廠商都低，加上很多國外廠商都在臺灣設立客服中心，提供更好的服務。

這樣下來，臺灣過去的FBCS的成功因素就完全改變了。當這些新創公司的成功因素改變後，當投資者的創投當然就首當其衝受到影響，即使投資也很難獲利了結，當然就不敢投資了！你不敢投資，他不願意投資，不就成了惡性循環，大家都不願意投資在新創公司了嘛！那創投還有什麼前途呢？」

溫妮的爸爸點點頭附和著說：「我看也是，我們幾家關係企業現在做生意是比以前難了許多，其中有些公司經營得不是很好，我都在考慮要把它們關掉了。」

溫妮瞪了她爸爸一眼，說：「你還沒有試過能不能再起來，怎麼就考慮關掉呢？這不好吧！」

傑夫趕快插嘴：「話可不能這麼說！當投資的人就是要快刀斬亂麻，不行的不必浪費精神，認賠殺出也很重要的。」

老朋友轉過頭來有意地眨眨眼睛，暗示性地謝謝傑夫解圍。

傑夫看看父女兩人，問道：「怎樣？聽了這麼多創投的問題，你們還想到創投業來嗎？」

創投眞的被繳械了嗎？

溫妮眨眨眼，沉思了片刻，抬起頭問：「照你這麼說的話，**創投業不是已經被完全繳械了嗎？**你爲什麼還待在創投呢？豈不是也該改行啦！」

「哎，什麼繳械？什麼改行？胡說什麼！怎麼可以對傑夫大哥這麼沒大沒小的！」當父親的一聽此話，趕忙喝斥女兒，以免傑夫下不了臺。

傑夫趕忙揮揮手，「沒事，沒事，溫妮說得有道理，她是存心考我的啦！我猜她的意思是想知道我說的是不是眞的，如果我說的創投搞不下去是眞的話，我自己不早就應該改行了嗎？如果我沒有改行，那就表示我剛剛說的有問題……我猜的沒錯吧？」傑夫看看溫妮，然後又對F說：「你這女兒很不簡單耶，才剛出社會，我看就已經很少人騙得了她了。虎父無犬女，了不起，了不起！」

這樣一說，溫妮又不好意思地笑了起來。坐在一旁的爸爸楞了一下，無意中被戴了一頂高帽子，這才發現自己的女兒這麼聰明，會以子之矛攻子之盾的方法來驗證？想想心裡非常高興，對傑夫更是感謝得緊。

傑夫笑笑地說：「其實這也不矛盾，因爲我說的是『一般創投』搞不下去了，我可沒有說『創投』這個行業完全搞不下去耶！」

「這又怎麼說？」

「在我看來，『一般創投』因爲手上有的資源只是錢，即使有些所謂的『老關係』吧，眞正可以運用上的資源終究還是不夠廣、不夠多，所以我勸妳爸爸，如果妳爸爸想要幫助妳的話，只是設立一個普通的創投讓妳管理的話，即使妳再聰明、再認眞，就是再加上他爲妳介紹的關係，我看也很難出頭，對吧？」傑夫說這話時，眼睛是看著溫妮的。

「哦？照你這樣說，『一般』創投不能作，難道還有什麼『特種』創投可以作嗎？」連當父親的都很好奇了。

傑夫故作玄虛，很祕密地、很小聲地對溫妮說：「金控公司的創投啦、大企業的創投啦，或是IBANK（投資銀行）的重整基金啦，這些都可以作的呀！這些類別是不是還算是『創投』很難講，但是都很有潛力的。妳看我說的對不對？」

溫妮想了想，突然眼睛一亮，回答說：「你認爲金控資源多、產品線整齊，所以一般創投作不來的也可以作，對吧！」

傑夫笑著點點頭，「還有呢？」

「大企業的創投資源多、可以運用的地方廣，所以也可以打敗一般創投，對不？這些只要在你剛剛說過的話裡面我是可以找到答案，可是你說什麼『I BANK』可以做什麼『重整基金』？這我就沒有聽過了……」

傑夫敲敲桌面，「妳再想想……剛剛是引述題，現在是申論、發揮題，仔細想想，我相信妳一定可以想得出來的。」傑夫一向的「善待問者如撞鐘」的原則又再一次在這個場合用上了。

過了好一陣子，溫妮眉頭緊蹙，想得很認眞，連當父親的都爲她著急了。傑夫正想說破，省得這個女孩太好強，下不了臺尷尬，沒想到這個時候溫妮笑了起來，說：「我想到了！你是指 I BANK 的重整基金可以趁這個機會來撿便宜貨，我這可猜對了吧！」

「了不起！」傑夫趕緊豎起大拇指誇獎她。

這下溫妮笑得高興極了，連帶旁邊的父親也興高采烈。看來傑夫今天的表現很不錯，讓老朋友父女都很有成就感。

說的也是，雖然創投搞不下去了，可是可以作的事情還很多呢！

傑夫馬上見好就收，既然任務達成，趕快告辭回公司去了，留下他們父女兩人慢慢地再討論吧！別人家的家務事還是不要知道太多比較好。

9

VC 症候群

進入死巷的投資人

大家都認爲創投業是天之驕子，
不少優秀的人從產業界來到創投業，
來了之後見識廣了，學的也多了，
有能力有想法之後卻反而沒有資源，
反而沒有舞台了……

【前言】

外人看來光鮮亮麗的創投從業人員也有內心徬徨難以告人的迷惘？

從產業界轉進創投業的優秀人才、天子驕子，爲什麼在累積了三至五年經驗後，身價卻不漲反跌？爲什麼創投業的老鳥也會有無力感的時候？爲什麼創投人跳槽都是在小圈圈裡打轉，想要脫離這個行業眞的這麼困難嗎？創投人看到的都是創業者的迷思，哪裡想過自己也會有迷惑和迷思的時候！

什麼是創投「夾心人」？達利又如何爲這些「夾心人」找到另一條出路？

【故事主角】

威西（VC）：某家創投的AO，已在創投業工作四年了。

「達達達！」這是敲鍵盤的聲音，俐落地從傑夫的辦公室傳出。現在傑夫一有空檔就埋頭打字寫書；接連寫了幾本書，中文打字的速度已經訓練得頗具專業水準，每天上百封電子信件往來都是中英夾雜，寫信如同打電話一般，都能靈活地交替使用中、英文了。不過寫書可不是件輕鬆的事，有時候腦筋會突然「卡」住，就像現在皺起眉頭的傑夫一樣，方才明明還文思泉湧探討著VC從業人員的出路，下一秒卻抓襟見肘，寫來寫去就是詞不達意。

「唉！」傑夫嘆口氣，一早就到辦公室想趕些進度的他只好站起來做做上次活動所教的甩手功，甩兩下手，再蹲兩下，活動活動身體或許可以改善思路。

「呼！」傑夫一鼓作氣甩了好幾分鐘，喘口氣，伸了伸懶腰，端起水杯，踱到窗邊，隨手拿起桌上的望遠鏡由公司最高樓層的十四樓往外眺望基隆河截彎取直的沿岸風景，希望美麗的景觀可以讓思路更爲清晰……

「咦？」傑夫頭一低，佇立在對面人行道上的身影讓傑夫嚇了一跳，「那身影好像是威西耶……」傑夫低頭看看手錶，才七點四十五嘛，「怎麼這麼早就來了？！」

原來昨天威西透過電話表示想找傑夫聊天，可是傑夫這幾天行程都已排滿，只好約定一大早見面，反正創投的工作時間本來就與常人不同，而且起個大早也有益健康，於是兩人便約定八點鐘見面，這時間已經很早了，沒想到威西還提早到了……想著想著，傑夫忍不住把望眼鏡的倍數調到最大；看個仔細，馬路正對面的那個人果然是威西。不過透過望眼鏡看到的威西似乎有點不太對勁，等紅綠燈的他腳踩「不丁不八」步，像是呆立又有些躊躇，加上垂頭垮肩的姿態，分明是一副心事重重的模樣，「這與印象中雄姿英發，自信、果斷又聰明的威西好像不太相稱嘿！」傑夫自言自語地說。才說著，紅燈轉綠燈了，威西以比旁人快兩倍的腳步，似「燕子三抄水」的快步過街，看來像是趕時間的樣子。

威西這一切行動都透過望遠鏡瞧進傑夫眼裡，讓傑夫有些狐疑又有些好奇地先下樓等待威西的到來。

在搭乘電梯下樓的時間，傑夫忍不住推敲威西的來意。昨天還以爲威西只是因爲和達利的這些朋友久未謀面，所以想來交換一些情報及看法；其實這也是創投的定期工作。依據達利的作風，每隔一段時間總會和一些認識的創投同業見面，一方面交換消息，另一方面也談談對產業的看法和投資標的的選擇。對達利而言，創投就是一種「關係建立與維繫」的行業，當創投的人不管事業做得多大，都不能孤芳自賞，將自己局限在狹小範圍裡，以爲別人會自動上門；當創投的人反而需要經常地、不斷地跟一些有能力的人或外面的人互動，交換心得，彼此當對方的觸角，才能增加消息來源，對產業以及投資標的的看法才能比較全面而避免掛萬漏一。這年頭資訊就是權力，人脈就是舞臺呀！

私人問題才能探測彼此關係的深淺

傑夫和威西見了面。兩人打過招呼後，威西有些心不在焉的，表情似乎又有些許的焦慮，對桌上的咖啡也視而不見；傑夫乾脆先來個「既中（性）又偏（私人）」的問題，隨口問了威西：「威西啊，你從產業界來到創投後也待了三、四年了吧？下一步有什麼計畫呢？」

這句話問得頗有技巧，問話的人可以說是無心的，只是見面時問候的「場面話」；也可以說是關心對方的「私房話」；殊不知創投人員都是訓練有素、會問「問題」的專家！

威西當然也是心知肚明，聽了傑夫的問題後，想著「到底要不要直截了當地與傑夫談私人問題呢？還是先來個『驢子拉石磨——兜兜圈子』再說？」傑夫當然更不必心急；兩個人因而靜靜地看著各自手裡和桌上冒著氤氳熱氣的咖啡……在這沉默的時刻，傑夫又細細地打量了威西的氣色。

其實傑夫本來就是有意問這種「私人」問題的。**創投做久了，任何舉動都有目的，都是經過思考的**；對傑夫而言，與他人聊天問及對方私人的事情，表面看來雖然有些唐突，但有時候唐突的私人問題反而是拉近彼此距離最快最好的方法！就像現在，傑夫向威西提出這個問題之後，馬上就可以測量出彼此的關係是更進一步，還是後退一步？如果威西「想」或是「有興趣」讓彼此的關係更進一步的話，他會談眞正的想法！也就是說如果威西的回答切入了主題或講出心中的想法，代表雙方的關係更進一步了！相反的，如果威西的回答輕描淡寫，甚至是敷衍推托性質的答案，就意味著他只想保持著表面的關係。再說，傑夫正在寫一篇有關創投從業人員下一步何去何從的文章，所以今天請問威西這個私人問題，也算是目的正當。

球既然已經丟了出去，就看對方如何反應吧！……耐心與等待是創投的基本訓練！

過了一會，威西抬頭看看傑夫，發現傑夫還是氣定神閒地等著他的回答，不免有些壓力。他雖然和傑夫認識好一段時間了，可是每次見面談的大多是與產業有關的話題，很少提及私人的想法或對自己工作的看法；再說創投同業間雖然是合作的，再怎麼說彼此間還是存在某種程度的競爭……到底要不要將心裡的想法告訴傑夫呢?傑夫聽了以後又會不會改變對自己的看法呢?傑夫的嘴巴是出了名的緊,倒是不怕告訴傑夫的事會流傳出去……威西兀自想來想去,心底依然有些猶豫,不由自主地端起桌上的咖啡啜了一口,頓了頓,晃了晃杯子,又喝了一口。

創投的關鍵就在問話的訣竅

看著威西的反應,傑夫帶著善意與關心笑了笑,似乎鼓勵威西說出心裡的想法。觀察人的反應以及透過身體語言適時給對方一些「訊號」,是達利訓練新進人員的課程中很重要的一環,所以傑夫也無時無刻不在加強自己這方面的能力。

看威西放下杯子又端起杯子的時候,傑夫心想:應該再給威西一些更具體的鼓勵才行!所以他主動打破沉默,以善意的語氣說道:「其實每一個創投業者在工作一段時間之後都會遇到一些問題,也都會思考下一步該怎麼做,連我自己都常在想這個問題,想自己、想我的同事和朋友們到底下一步應該做些什麼才能有助前途的發展?或者我能提供他們什麼樣的協助……」

傑夫這樣說,其實是想讓威西感覺自己的類似想法與猶豫並不是「異類」,而是「理當如此」,而傑夫不但可以理解,或許還能提供協助。其實這是傑夫常用的方法,也是達利訓練課程中教導的方法之一——和對方談「敏感」話題的時候，如果先承認自己面臨相同的問題，也有同樣的顧慮，更容易激發對方的同理心，雙方的感情便會更進一步發展。不過高手之間的談話，通常只是點到爲止！

「哦？」威西聞言立即抬眼，盯著傑夫的眼神充滿了詫異，但心中的顧慮也在瞬間消失了。一掃疑慮後，威西放下杯子，很坦誠地回答傑夫的問題：「對，我在創投業工作也已經四年了，老實說，我很認眞做每一樣事情，可是慢慢地有種使不上力的感覺。」

傑夫暗自鬆了一口氣，只要對方一突破心理瓶頸，談話就容易進行下去了！「哦？使不上力？你是指『哪方面』使不上力？」傑夫趕緊接口問。

其實傑夫本來想問的是主觀、私人相關的問題：「爲什麼會有這樣的感覺？」可是怕這個問題牽扯到威西的私人理由，不易開口，所以還是決定先由「客觀」的問題——「哪方面」——問來比較有緩衝的餘地，不會有私人顧慮。問這類「私房話」，可是要特別留意才行！

傑夫繼續以訓練中的「導引」方式發問：「難道是因爲貴公司是外商公司，是美國公司在臺灣的創投分支機構，大部分投資案例都需要回到總部才能決定，而總部對臺灣的看法和你的看法未必一致，讓你產生一種『out of sight, out of mind』(不在身邊，當然就沒人關心)的感覺，所以使不上力？」

VC難以言喻的無力感

傑夫之所以這樣猜測，是因為一般的外商公司眞正的 decision-making（決定權）鮮少在臺灣，必須靠臺灣分公司人員的推薦和建議，然後再由總部決定採納與否；然而總公司鞭長莫及，對臺灣當地狀況不清楚，加上總部又有自己的看法，所以對臺灣所推薦的投資案例往往不會輕易地採納；就算採納了，也常常要求臺灣分公司提供一堆書面報告，來來回回詢問很多問題，手續繁雜且曠日費時。有時甚至會因為總部正上演權力鬥爭的戲碼，導致無人關心海外分公司的經營狀況；甚至總部負責管理亞洲或臺灣分公司的老闆自己的職位也岌岌可危，這時更沒人有多餘的心力來關心分公司的人員。

威西點點頭，不過也補充解釋：「其實這只是部分問題。臺灣這方的看法和總部的 priority（優先次序）總會有些差距，因為他們大多是站在總體經濟（macro）的角度看臺灣，而我們看經濟經常是站在個體投資案例（micro）的角度；臺灣的大環境看起來不太好的時候，還是有很多公司賺錢，而在大環境看好的時候，其實還是有很多公司不賺錢，這就是總體經濟和個體經濟觀點的不同，兩者在先天上必然存在一些差異。再加上臺灣和美國的產業結構也存在一些根本上的差異，在美國沒機會出頭的公司，在臺灣可能一片看好；在美國當紅的產業，在臺灣可能一點機會都沒有，這些差異的確也對我們這些臺灣分公司的員工在與總部溝通聯繫時造成非常大的困擾……不過這些我都可以理解，而且也習慣了。」過了一會，威西又補了一句話：「其實我的問題倒不在這裡。」

「哦？」看來威西已經願意開始說話了！所以傑夫和善又帶著鼓勵性地牽動嘴角笑了笑，看似不經意地拿起咖啡喝了一口，然後輕描淡寫地問：「那你的顧慮在哪裡？這樣說吧，如果你今天是在臺灣本地的創投工作，而不是在外商創投機構的臺灣分公司工作的話，你認爲問題還是存在嗎？」

這又是問話的另一種技巧了：**脫離原先情境的間接問法**。創投業重要的能力之一是問「對的問題」，傑夫常常告誡新進同事：「在創投的領域只要會問對的問題，那就成功了一半！」所以傑夫自己也不斷地在訓練自己問「能夠切入問題核心的問題」；眼前他對威西提出的問題，就是傑夫多年來的經驗累積所得了。進一步來說，對別人提出問題的時候，倘若對方表現出不能回答，或不曉得怎麼回答的情況，那就改變問話的方式，比如說排除某個因素之後再看對方如何回答，如果該因素是關鍵因素的話，對方的回答當然會不同；如果被排除的因素不是關鍵因素，對方的回答必然會相同。

從傑夫問威西的問題來看，如果威西的回答是困惑有所改善的話，那就代表主要的問題是由外商引起，轉換到臺灣本地的創投工作就沒問題了；相反的，如果他的問題仍然存在，那代表威西的問題與公司是否是外商無關，純粹是對創投這個行業使不上力！前者好辦，後者難纏！

威西玲瓏剔透得很，當然明瞭傑夫的「暗示」，因而靜下心來邊釐清邊說：「這個問題到了本地創投還是改善不了……老實說吧，過去一段時間也有幾家國內的創投和我接觸過，想要我加入他們，我也慎重地考慮過，這幾家國內創投的發揮空間的確是比較大，可是相對的資源也比較少，並不像國外的資源多、資金豐富、接觸面又廣……」威西頓了一下，再次強調：「其實我的問題也不是這個！」

「噢，這又怎麼說呢？」傑夫追問。

有能力沒資源，有想法沒舞臺

威西瞇起眼，娓娓道來：「大概在四年前，我從產業界轉進創投業，當時國內的創投業正是當紅炸子雞，而我在產業界也已經做到一個程度了，所以想換換環境。你知道，我們一旦投入一個產業以後，總會一頭栽進去，而在同一個領域裡面越陷越深，很難讓自己脫離出來看整個產業經濟的大環境；而創投可以讓我從整個環境面來看經濟，又可以接觸很多創業者和理想的追求者，幫助我了解創業者的作法和心態，所以我當時就決定跳槽到創投業。在創投業你是前輩，也知道在這裡不待個三、四年哪裡可能會有什麼績效，所以到現在我一待就是四年！雖然說現在已經愈來愈得心應手，可是對我來說，卻也相對的感覺到**創投不是一**

個可以長久待下去的行業。」

這個可是「代誌大條」（閩南語，很嚴重的意思）了！怎麼說創投不是一個可以長久待下去並安身立命的行業呢？

「爲什麼你認爲創投不是一個可以長久待下去的行業呢？」傑夫有些驚訝地問。「你看臺灣創投界那些大老或資深的前輩，哪個不是在創投界做了十年以上？而且我很少聽說創投的從業人員轉行的耶；跳槽的人是很多沒錯，但跳來跳去都還是在創投業裡面，所以你說創投業不是一個可以長久待的行業，這倒很特殊，我洗耳恭聽，願聞其詳。」傑夫邊講邊往前挪挪椅子。

威西的表情突然轉爲沉重，「你記得不記得？上次你在玉山協會還是創投公會的演講曾經說到：創投人員最重要的安身立命能力是能找到資金，而不是找到案源！」

傑夫當然記得自己說過什麼，因而點點頭。

威西接著又說：「以前我一直認爲創投ＡＯ最重點的工作是找到好案子投資，爲公司賺錢；可是聽了你的演講後我有些感觸，尤其最近環境的一些演變，更讓我感覺你的話頗有道理。沒錯，創投人員最重要的價值還是必須能找到資金才行！

你看吧，現在我們雖然能找到『好案子』投資，可是投資一個案子之後，多則七、八年，少則也需要四、五年才能回收；你也知道一般的創投從業人員平均工作年資都只有二至三年就換工作，也就是說大部分的從業人員所投資的案子在還未開花結果『之前』，他們就已經離職了。這一來，好的案子跟不好的案子，對我們來說有沒有什麼差別？因爲我們早就閃人了！投資到好案子，我也看不到結果，更不要說分紅了；即使投到濫案子，我也等不到看它『摃龜』呀！」說著說著，威西聳聳肩。

傑夫當然了解，不過只是點點頭，沒有說話，讓威西繼續說下去。

威西果然繼續說了：「捫心自問，我認爲我是個很認眞的ＡＯ，做得也很好，可是我跟做得不好的ＡＯ有什麼差別呢？這個行業有幾個問題：

第一，景氣不好的時候，濫ＡＯ不-做-不-錯，整天炒股票；而我呢，整天去找新機會。可是以結果論，我們兩個對公司的貢獻並沒有什麼直接的差異。

第二，景氣好的時候，老闆看的是投資績效，錢能夠投出去就是績效好，所以大家能搶到的案子統統是好案子；濫ＡＯ碰到熱門案子就投資，老闆反而稱讚他績效好。一個案子是好是壞，最少也要個三、五年才能見眞章；到時候人都走了，認不認眞、好與壞又有什麼差別？

第三，很多投資案都是以老闆的想法而定，投資或不投資，老闆對某些特定的案子都已經有了先入爲主的想法，從業人員樂得『體察上意』，所以我們這些ＡＯ的工作，無非就是蒐集對老闆的決策有利的資料來佐證老闆的英明！

我是愈做愈沒勁。」威西臉色掩不住暗沉，無奈地嘆了口氣。

傑夫有意緩和氣氛，因而安撫地說：「其實所有投資案，在投資之初不管怎麼看都是模稜兩可，也都有很多風險，從某一個角度來看是個好案子；可是從另一個角度來看卻也都有可議之處。投資本來就是主觀的……」

「是呀，所以我認爲這個行業的發揮空間並不如我當初想像的多……對了，還有一點，我們的資金大部分是國外的資金，我看我再怎麼努力也很難做到 partner（夥伴）的位子，頂多只是年終獎金多一點吧！眞正的獲利分紅我看是沾不到邊了！」

創投老鳥＝創投夾心人

傑夫不得不點頭承認，「對，在創投業要做到 partner，除非你能夠找到金主當靠山，否則不太可能當個『創投主要夥伴』。就像你所說的，也是我一直強調的：投資案子好或不好其實是判斷的問題，對創投從業人員而言最重要的是要能找到金主，找到資金來源，要能夠說服有錢的金主把錢交給你管理，這才是眞正的安身立命之道！對了，威西，既然你認識這麼多人，怎麼不去試試看能不能找到錢呢？」

威西聽了後忍不住苦笑，「傑夫啊，我現在才三十出頭，雖然認識很多人，可是交情都不深！我即使再有能力，也只有我以前的老闆知道；即使這些金主眞的信得過我的能力，也不可能眞的把錢交給我去投資呀！不是我長他人志氣，老實說吧，我們的人脈並不像一般的企業家第二代一樣人面廣、關係好，隨便出個面就可以拿到很多錢；像我們這種白手起家、沒有任何關係背景的人怎麼募得到款呢？除非我所投資的公司成功了，那些當初投資公司的創業者或許還可能把一些他公司多餘的資金交給我做投資，不然哪有可能找到錢！更不要說那些保險、金控等法人機構，談都不要談！既然找錢的機會不大，就沒辦法成爲創投夥伴……算一算我已經在創投這個行業做了四年了，下一步到底該做什麼？繼續做下去到底有沒有前途？這就是我現在碰到的困擾。」

傑夫聽了後默默注視著威西，然後有些感慨地說：「照你這麼說，你是典型的『**有能力沒資源**』囉？！」

威西忍不住哈哈大笑，自嘲地說：「你說是『有能力沒資源』，我還認爲是『**能唱戲沒舞臺**』呢！」

「你倒還有心情玩對句！」傑夫也跟著笑了笑，然後正色解釋道：「我所謂的『有能力沒資源』是很典型的『VC症候群』，尤其是在創投業做了五年左右的人更是如此！雖然經驗豐富，可是沒有資源，充其量只是個打工仔，一個『撒拉力面』(salary-man) 罷了！」

談到這裡威西更覺得抑鬱了，他收起笑容說道：「這樣繼續下去，我就要考慮我個人的價值是隨時間而增加呢？還是降低？」

威西的說法令傑夫非常驚訝，忍不住追問：「爲什麼你會這樣講呢？你不認爲你的能力和價值應該是一直在增加的嗎？」

「不盡然！」威西搖搖頭，「當我進入創投業，來的時候帶進原來累積數年的產業知識與人脈，創投界老闆當然很歡迎我，因爲我可以補足他們所缺乏的，尤其早期的創投業資深 partner 都是以財務背景爲主，因而需要具有產業背景的人提供幫助，像我這種具有產業三至五年經驗的人更是好用。

可是當我們在創投業工作四至五年之後，從老闆的角度來看我：第一，我原來在產業界的人脈幾乎用得差不多了，而產業和技術是不斷在進步的，我很難再跟上技術的腳步，也不容易去開發新的人脈。第二，我的薪水慢慢增加，每年要的獎金也比一般人多了些，成本逐漸升高。第三，工作了四至五年後我逐漸有自己的看法，愈來愈不願意『體察上意』，所以就比較不聽話了。你說，如果你是我的老闆的話，爲什麼不花更低的錢去找個更年輕的人——就像四、五年前的我——聽話、便宜、又好用的新人來取代現在的我呢？」

傑夫想了想，不得不承認：「是啊，這是很合理的假設！你的老闆如果再雇個四、五年前的你，不但成本低，新進的人員衝勁足，人脈又還沒開始運用，最重要的是產業的知識都是最新的。」傑夫點點頭：「是的，對老闆來說，僱用這種人對他的效益最大。」

威西雖然早已知道答案，可是聽傑夫這一說也難掩沮喪的心情，「是啊，現在的我雖然有了創投的經驗，可是對我老闆來說，我的價値卻降低了；我的經驗現在反而是對初創公司比較有價值，因為我能給他們的幫忙比較多。」

回產業界？高不成，低不就！

看著威西的神情，傑夫突然一陣沉默，默默地不再說話；許久，突然抬頭迸出一句話：「威西，既然你這麼說，那你為什麼不回產業界去呀！」

威西一聽，眼神非常複雜，望著傑夫，一方面感覺好像找到知音；一方面又覺得挫折，他忍不住哀怨地說：「是啊，我也認為我應該再回到產業界，問題是我怎麼回去呢？」

「唔……」傑夫楞了楞，「我倒還沒想到這件事；不過你既然提了，我們倒是可以討論看看。」

兩個人於是安靜了下來，不約而同低著頭想一些事情。傑夫暗自琢磨著威西的情形；以威西現在的狀況來看，過去是從產業界出來，現在已經對創投業頗有經驗，也了解創業所面臨的挑戰，照理說對初創公司比較有幫助；相對的，對原先的產業界而言的確是比較難找到切入點。想到這，傑夫忍不住抬眼看看威西，不曉得該不該把想法直接地說出來。

威西碰巧補抓到傑夫的眼神，忍不住笑了一下，「我猜你已經有答案了，我現在想回產業界應該是蠻困難的，你就直說無妨！」威西說。

既然大家都是明白人，傑夫也不想隱瞞，點點頭回答：「是很難！一方面你離開至少三、四年了，原來的同伴職級至少都升了一、兩級了吧，回去之後你能跟他們平起平坐嗎？你若要在他們之上，怎麼可能？現在的企業大多需要打天下，有眞正的功績或戰功才能升官，空降部隊很難存活的，尤其在資訊界更是如此；若要你屈居他們之下，你又不願意，因爲你這幾年在創投業打滾下來，比起只待在產業界的人看得多、經驗也比較豐富，雖然你在產業界的人脈不如他們，但在創投界、財務界、資訊業、投資界或其他產業，你的人脈可是比他們廣，你怎麼願意屈居在他們下面呢？若說從頭做起吧，這又談何容易呦！」傑夫頓了頓，又補充了一句話：「倘若要回產業界，你只能找一個 start-up，跟他們胼手胝足從頭幹起嘍！」

威西點點頭，表情瞬間又沉重了：「你說的沒錯，我沒辦法回到原來的公司或原來的產業，高也不成，低也不是，不上不下的；眞正要回到產業界，看來只能到 start-ups 去。可是現在的 start-ups 風險都很高，能成功的並不多，等我們確定對方可以成功的時候，人家也都有一定的基本團隊了，我們那時就算想加入也並不容易。你看，我們的處境是不是很尷尬？不逢大匠材難用，這也就是爲什麼很多創投業者跳槽都只侷限在創投業裡，很難脫離這個圈子的緣故。」

傑夫的臉色也有些鬱悶，語帶感慨地說：「大家都認爲創投業是天之驕子，不少優秀的人從產業界來到創投業，來了之後見識廣了，學的也多了，有能力有想法之後卻反而沒有資源，反而沒有舞臺了……」

這一來，威西更覺無奈了，「還有，在創投業待久了以後，其實已經不太習慣過去那種hands on（捲起袖子親自上陣做事）的工作型態，要從頭做起，談何容易！當然還是可以做，但總要代價夠大，報酬值得才能說服自己去幹。唉，這麼多問題，實在讓人覺得無奈……」

傑夫察覺氣氛突然變得有些低落，但還是得說出事實：「我認爲這還牽涉到『舞臺』的問題。你注意到了嗎，在**創投業裡面，眞正的舞臺並不是我們的，而是金主的**！能找到錢的人才有舞臺；找不到錢的人是沒有舞臺的，只不過是被雇來『演個角色串個場』罷了，雖然說在舞臺上也可以發揮，但我們並不是主角也不是配角，不被雇用時，這舞臺根本不是我們的。我完全同意你的說法，即使有能力，如果沒有資源，再有想法，也沒有舞臺，而沒有舞臺就等於沒有發揮的空間。」

「嗯。」威西淡淡地應了聲，卻充分顯現自己茫然的心情。

錦上添花和雪中送炭兩難

「那你打算怎麼辦？」傑夫問。

威西看著傑夫，誠懇地說：「其實我打算回到產業界，只是不曉得怎麼切進去而已，這也是我今天來找你的目的。傑夫，你現在同時在產業界、創投界，還聽說你又參與法律事務，也負責一些非營利的基金會；我很好奇的是，你怎麼可能同時兼顧這麼多事情？人家爲什麼會給你這些資源與機會？能不能給我一些建議，到底我怎麼樣才能找到一條合適的路回到產業界呢？」

傑夫回視著威西，感受到他語氣和態度的誠懇，想了想，於是問道：「關鍵在於你願不願意 hands on，『撩落去』囉！」

威西毫不遲疑地回答：「只要值得，我當然願意 hands on；如果不值得，當然那就另當別論囉！」

「何謂值得？何謂不值得？你所謂的值得或不值得怎麼判斷呢？」傑夫追問。

威西低頭想了想，接著又抬頭回答：「這樣說吧，從現實面來看，第一，我『撩落去』以後，如果回收是大的，我就認爲值得。第二，經營團隊跟我一起努力，一起打拚，大家認眞共同經營，這就值得；相反的如果只有我一個人，那當然困難多了。第三，在 hands on 的過程當中，如果我有自己的發揮空間，不要只是『體察上意』，不要光聽別人的講法或照別人的話行事，這就是值得。」

「喔！」傑夫點點頭，一副明白的神情，「你所謂的值得，一是有回收；二是有團隊一起努力；三則是要有發揮的空間。其實就是一句話：你要一個『舞臺』，不是嗎？這三個條件不就是等於舞臺嗎？換句話說，今天如果提供你一個舞臺，你就覺得值得，就會認眞去做，對不對？」

威西凝神想了想：「對，有這個味道……嗯，你說的不錯，就是個屬於自己可以掌控的舞臺！既然今天我有能力，如果我有舞臺的話，就可以得到一些資源，就可以有所發揮。」說著說著，威西猛力點著頭，肯定地說：「對，如果是這樣，我就願意把自己賭進去。」

傑夫繼續追問：「那你認爲從什麼樣的角度切入比較恰當？哪種產業比較合適？你在創投業也很久了，以投資時機來看，創投可分『雪中送炭』和『錦上添花』這兩類，現在大部分的投資案都是錦上添花，你認爲哪個比較適合你切入呢？」

威西拿起桌上的杯子，啜了一口咖啡潤潤喉，然後認眞地回答傑夫的問題：「切入『錦上添花』舞臺的風險當然比較低，因爲這些公司已經發展到某種程度，基本條件都有了，甚至快起飛了，身爲創投的我們進去後可以告訴他們如何跟投資者和競爭公司打交道，甚至可以幫他們介紹承銷商。我們可以幫他們解決資本的問題，很多的創業者都是技術或市場起家，他們對資本市場比較不了解，而我們正好可以告訴他們如何應付資本市場，包括如何募款，企業在初步成功後，若是還要再繼續擴充繼續發展，尤其不可能不募款；企業要持續擴充是永遠都需要更多資金的。至少我可以幫助他們跟投資者打交道，因爲我們講的語言是一樣的，這就是我的價值所在！」

傑夫點點頭，「既然如此，你爲什麼你不走這條路呢？」

威西不自覺地蹙起眉頭說：「走這條路也有壞處，因爲這些公司已經不是眞正的初創階段了，既然我是錦上添花，對他們來說我是可有可無的，即使我幫助他們解決了困難或做成功了，他們也不一定會感謝我所提供的幫助，我只是演出的角色比較多些，舞臺還是別人的吧？」

傑夫忍不住笑了笑，笑容有些複雜，「那以排除法來看，你的意思是說你希望加入『雪中送炭』的公司囉？」

威西聞言忍不住又苦笑了：「雪中送炭？那更不得了！你也知道雪中送炭需要資源，雪中送炭，『炭』者『資源』也，我就是沒有資源才有困擾的嘛！我只有一個人，剛剛我們都說了，我現在是『有能力沒資源，有想法沒舞臺』，既然沒有資源，怎麼幫助這些需要別人雪中送炭的公司？沒錯啦，若是我能幫助這些公司起來的話，對方必定會感謝我，我也能在公司裡佔有一席之地，因爲我是一個有貢獻的人，以後收穫的時候分一杯羹自是理直氣壯，名正言順。問題是我哪來這些『資源』？雪中送炭的『炭』哪裡來呢？這就是我現在尷尬的所在了！」

「喔！」傑夫瞬間變啞巴了，只能乾瞧著威西，卻不曉得如何接口才好。

達利的下一步：TARF（Turn Around and Rescue Fund）

威西看著傑夫，笑了笑，雖然期盼傑夫的幫忙，卻故意讓自己的語氣聽起來輕鬆自然，不想造成對方太大的壓力：「傑夫，你能不能給我一些建議？或是你能不能告訴我達利的下一步想做什麼呢？」他問。

「唔，我上回在創投公會發表了一篇文章，不曉得你看過沒有？」

「有啊，就是因爲看到那篇文章，所以我才來找你的。你說了幾句很重要的話：創投業者如果繼續用過去的方式經營已經落伍了；創投業者必須面對新的挑戰和改變。目前產業界很多企業經營上都面臨困難，所以創投未來應該走TARF（turn around and rescue fund）（重整基金）這條路。我感覺這是一條可行的路，想更深入請教你對TARF的看法，或許有些機會是我們雙方可以合作的。」威西興致勃勃地說。

傑夫點點頭，「對，其實現在我們已經走向TARF，過去我們走的是incubation fund（育成基金），下一步要走的則是TARF。兩者雖然有點類似，但重點並不一樣，「育成基金」比較像是幫助一個嬰孩，從小撫育起，幫助他提升能力，避免他犯錯，陸續提供資源，幫助他慢慢成長，走向成功；「重整基金」則是公司已經做到一個程度之後，不是面臨成長的瓶頸，就是遭遇一些困難和挫折，公司甚至是走下坡的，如果我們認爲他還有機會，就可以幫助他再站起來……對了，威西，除了我剛剛講的這些，你認爲兩者的共通點和不同點還有哪些？」傑夫反過來問威西。

威西笑了笑，「噯，你現在在考我的試呢！沒關係，你有考我必答！」說罷威西收起笑容，正色地回答：「我來看『育成基金』與『重整基金』有幾個共同點：

第一，兩者都需要資源，而所需要的資源也不是只有技術和市場而已，他們需要的資源也都是比較廣、比較多的。

第二，兩者都需要我們親自下海參與公司的經營（hands on），而不是只給錢然後旁觀就可以了。就像是一個嬰兒學走路需要扶持；一個公司從敗部復活或轉型，更需要我們眞正親自參與。

第三，兩者都需要人才，只是「育成基金」需要從早期投入，經過篳路藍縷，慢慢成長；而「重整基金」需要的資源是能夠馬上立竿見影，他的時間壓力比較大，所以兩者的人才需求有點不一樣。」威西停了下來，歪著頭支吾著說：「嗯，其他嘛……我就說不上來了，喔，還有一點，時間的因素，我想兩者都需要好幾年的時間，也許『重整基金』會稍微快一點，嗯，大概就這些了吧！」

「說得好！你再看看這兩個有什麼不同點呢？」傑夫問。

「不同點啊？」威西忍不住伸手搔搔頭，猶豫著該如何回答，「我倒看不出不同點噯！如果眞要說有什麼不同，或許是育成所接觸的公司或是新創業的創業者膽子比較大，比較有熱忱，所以在處理人跟人之間的問題上，「育成基金」比較簡單；而「重整基金」面對的公司大多遭遇了挫折，經營團隊間可能有一些矛盾、糾紛或心結，人與人間的問題應該比較棘手！另外，『育成基金』所幫助的公司可能想要自己掌握經營權，所以比較不歡迎投資者太『雞婆』；而「重整基金」可能正好相反，甚至有些經營者還想把公司的重擔移交給有錢的投資者，因而想釋放經營權吧？」

傑夫點點頭，稱讚道：「你能夠提出這兩個差異已經很不錯了。針對人才的需求來看，兩者的差異的確很大。『育成基金』有機會用新人，只要補缺少的人才就可以；但是對「重整基金」而言，既然公司已經碰到挫折需要轉型，這時候絕大部分的經營團隊或原來已經存在的經營團隊的心裡上都比較缺少信心，因而必須找到一個強力的領導者；此外，因爲動用的資源比較大，領導者行事要比較果斷，能力要求比較高，而且必須是在行業裡面有相當經驗，大家才信得過。

總結來說，『育成基金』或許有試驗新人的機會，所用的人或許只要在某一部分有經驗就夠了；但是在「重整基金」所用的人必須是全方位的，不然沒辦法獲得大家的信任。換句話說，在TARF的案例裡，要贏取內部的信任以及外部的資源這兩個最大的因素，端視經驗有無而決定。」

拿別人的土糊自己的牆

聽到這，威西眼睛突然一亮，精神奕奕地問傑夫：「你認爲我適不適合去做ＴＡＲＦ的案例呢？」

傑夫忍不住哈哈大笑，調侃威西說：「這可是你自投羅網喔！」不過傑夫馬上收起笑臉，非常嚴肅地說：「是的，我認爲很多在創投界擁有三至五年經驗，像你這樣**有能力、有經驗、有看法，可是卻沒有舞臺、沒有資源的人，ＴＡＲＦ對你們而言可說是最好的機會！**尤其現在很多公司的經營遭遇到困難，他們需要具有全方位能力的人提供幫忙，需要很好的領導者進入公司領導他們。現在很多經營陷入困境的公司看起來都像是財務上碰到困難，其實財務週轉問題只是一個表象，只是顯現在外的症狀，眞正的困難應該是在經營上和策略上，而這也正是具有產業經驗的ＶＣ從業人員的能力所在，也是我們經驗累積的優勢。總而言之，我一直認爲ＴＡＲＦ需要的人才正是這些同時擁有創投以及產業至少各三至五年工作經驗的人，這也是爲什麼達利一直從創投的角度倡導ＴＡＲＦ的原因。」說罷，傑夫鄭重地看著威西問道：「你有沒有興趣一起來做呢？」

威西沉思了一會後回答，「興趣當然是有，但是怎麼切入呢？」

「在我看來如何切入是小問題，是次要的，主要的問題是你到底對ＴＡＲＦ的情況了不了解？」

「我有一部分的接觸，但不是花很多時間就是。」威西想了想，繼續說：「老實說，在創投行業裡面，尤其是愈大的公司或是過去比較積極投資的公司，現在手上都有很多所謂的『爛橘子』。然而一般的創投從業人員，也包括我在內，新進入一家公司後，看到這些踢鐵板的『爛橘子』都不願意碰觸，一方面這是前任AO犯的錯；前任AO投資錯誤，沒有處理好，新進人員或其他同事為什麼要去蹚這個渾水呢？救了又有什麼好處？這些舊案子都是前任AO投的，有些甚至是大老闆當初親自下決定投資，就算我願意幫忙『擦屁股』，即使擦好了，績效也不一定算在我頭上；萬一擦得不好，那可不是更糟糕。再說呢，幫忙收拾這些爛攤子，搞不好當時負責這個投資案的前任AO還不高興呢！既然沒什麼好處，不如就擱在原地讓他們隨著時間去自生自滅吧！對我們來說，與其救舊案子，還不如去投資新案子，至少新案子沒有歷史的包袱，完全從頭開始，好歹績效是屬於自己的。」

傑夫明知故問：「為什麼會這樣呢？」

「噯，你又在考試了……」威西故意斜瞄了傑夫一眼，不過還是解釋道：「我幫前任AO收拾舊的攤子，如果要減資，要write off（打掉不良投資，承認損失），要做一些整理，公司的帳面上不就馬上出現損失了嗎？大部分的創投都情願在帳上繼續留著當時投資的成本，不要write off，從帳上來看公司的狀況還好，既然還沒有收攤，就可以以成本作價，不一定要馬上就承認所有損失呀！一旦開始認眞起來，處理這些『濫案子』，帳上必須馬上反應出來，那不就難看了？」

「所以在一般的創投公司裡，大家都不願碰觸這種爛橘子爛攤子，對不對？」傑夫問。

「沒錯！」威西點點頭。

「我的想法不一樣！」傑夫胸有成竹地笑了笑，「如果你認爲你的下一步該走TARF這一條路的話，我反而勸你日後不要只投資新案子，應該主動要求承攬那些踢鐵板的案子，由你負責 turn around，以從中學習經驗。再說，反正你不是也打算一段時間後要離開現在的公司嗎？假設一至兩年後你想離開，我建議你現在趕緊累積TARF的相關經驗，全力和這些踢鐵板的公司打交道，了解當中的關鍵所在，等到日後你眞正要救援一個公司的時候，不是就比較有經驗了嗎？就算會得罪人，反正你也打算要離開這個公司了，多得罪幾個又有何妨！」

傑夫苦口婆心地繼續分析：「而且現在你是拿別人的兵來練自己的刀嘍，拿別人的土來糊你自己的牆，**創投不就是用別人的資源累積自己的實力嘛**！另一方面，對你的公司來說這些踢鐵板的案子不整理也不行，若要整理，與其給外人整理不如給自己人整理，所以我衷心建議你回去後自告奮勇去整理這些爛攤子；眞的不行的就不要理他，行的你試著去 turn around。整理一段時間後，如果你整理出所以然來，說不定你不必離開公司，因爲你們公司也可以走TARF的路，你甚至可以成爲TARF的負責人，也沒什麼不好，反正Nothing to lose, everything is gain（最壞不過如此）！你根本沒有什麼可以損失的，對你而言，可能會有的結果都是正面的。萬一整理了這些濫橘子後未獲你們公司的感謝，那些前輩感覺你碰到他們的痛處，挖他們的瘡疤，而對你有所不滿，即使如此，屆時你也累積了一身的眞功夫，這時候你再帶著一身的眞本領離開，對產業界的價值不是更高了嗎？」

威西想了想，突然「喔」了一聲，恍然大悟地說：「傑夫，原來你是要我在我們公司裡面做TARF啊？！」

「我就是這個意思！」傑夫點點頭，端起水潤潤喉，想起什麼，又補充了一句話：「但是你們公司可不一定會把TARF當作未來業務的重點的；只是我現在就告訴你，達利是把TARF當作我們未來幾年的重點就是了。」

威西忍不住反問：「難道你們公司裡面有很多這種濫案子嗎？」

傑夫忍俊不住笑著說：「那倒不是！我們所有投資的案子都在達利的網站上，你可以自己去瞧瞧達利有幾個濫案子或踢鐵板的案子？我們是想幫別人做TARF，別人不好意思做，我們就幫他做囉；別人找不到人力來做這件事，我們幫他做嘛！我們累積了一些能力和經驗，我們做得到，所以我們幫別人做。話說回來，你們公司既然有這麼多這種案子，我勸你應該自己先做；做一段時間之後，我們彼此都有經驗了，反而可以合作得更好，你意下如何？」

威西沉吟了好一會，想想傑夫說的也有道理，笑著準備告辭了，他對傑夫調侃道：「嘿，傑夫啊，我找你本來是想請你提供一些幫助或建議的，沒想到你現在要我回去『DIY』、『自求多福』哩！」

傑夫也跟著站了起來，笑臉以對，「那倒也不是！我對你的建議其實應該叫做『天助自助』，你自己幫助自己之後，所有的機會就會爲你而開出一扇門的。再說，不受幾番磨煉，怎成一段鋒芒呢？」

創投業者的百年事業：TARF

威西已經走到會議室門口，突然想起什麼重要的事情，又轉身拉住傑夫，「等一下，傑夫，我還有一件事情。」

「什麼事？」傑夫問。

「你認爲TARF在臺灣是偶然發生的呢？還是這種機會長時間都會存在？」傑夫還來不及回答，威西又補充了一句話：「這個問題對我日後的影響太大了，這可說是career（工作生涯）的大改變，所以你一定要告訴我你的想法。」

傑夫輕易地讀出威西眼底的認眞，因而嚴肅地點點頭，鄭重地回答：「嗯，我認爲這種機會是永遠存在的，而且會不斷地發生。」

「爲什麼你這麼肯定呢？」威西追問。

「坐下談！」傑夫回到會議室邊坐下，邊指了指靠近威西的椅子示意他也坐下來。「我們從大環境來看，歷史都是不斷地重複著，是不是？所有企業的設立，由創業到成長，再到擴充茁壯，然後能繼續不斷地擴充下去嗎？」

威西看著傑夫，雖然表面上是輕輕地搖搖頭，但從他的眼神卻透露出對傑夫論述的贊同。

「所以囉，你看百年企業有多少？就算企業經營到百年，經營者也換人了，也就是說企業發展到一段時間之後總是會遭到自然淘汰的。依我來看，企業多少都會有要被 turn around 的機會的，只是看經營者願不願意、能不能找到適當的人接手罷了。如果能找到適當的人進行 turn around，這公司就還有再復活再成長的可能；如果他找到的是錯的人，企業很可能就一敗塗地了。簡而言之：

一、由人的天性、歷史的演進和企業的生態來看，我認爲TARF必然會永遠存在的。

二、不要往後看那麼久的時間，只談經濟的起伏吧，經濟的成長大約每隔十年或二十年就是一個循環，而每一個循環的推演都會讓很多企業遭遇經營上的困難，這些企業到最後都必須紓困。針對紓困，現在大家的作法都是從銀行『A』錢，我認爲如果這些企業能在經營理念、作法和管理上有一些突破，只要能夠 turn around，銀行便願意給他們資金或延緩催款。

所以我認爲在整個經濟的起伏規律下，這種機會永遠都會存在的。

三、一個企業未必要到眞正不行的時候才能轉型，公司即使在成長當中也需要轉型，因爲隨時需要進入新的領域。不看臺灣，我們看全世界吧，很多公司經營到最後卻虧錢了，爲什麼呢？其實這些公司並不是本業虧錢，多數是業外投資虧錢。爲什麼業外投資會虧錢呢？因爲他們認爲這個行業是好的、是有機會的，因而投資了，之後卻發現投資錯誤或投資的方式管理不良，於是便虧錢了。

坦白說，每家企業都必須不斷往外擴充，可是擴充本身卻是充滿風險的，如果你能累積turn around的經驗，就能針對這些需要轉型的公司或積極尋求進一步成長的公司貢獻你的價值。」

傑夫看威西的臉色因爲振奮愈來愈紅潤，忍不住拍拍他的肩膀鼓勵道：「總結這三個理由，我認爲如果你有這樣的經驗，前途可謂一片大好！你有公司轉型的經驗，日後你的價值不但不會減少，反而會逐日增高而能待價而沽呢！」

談到這，威西面露喜悅，興奮地說：「哇，看來這倒是可以走的一條路！所有的創投從業人員在工作三至五年之後，是不是都應該來走走TARF這條路？！」

傑夫笑著說：「倒也未必啦！企業家第二代就不需要，但是對產業出身、白手起家的創投從業人員來說，這倒是條可行的路。就拿你來說好了，你了解資金面、資本市場和財務面，知道如何跟投資者打交道，也了解經營的心態和不同類型經營者的風格，如此一來，你不必像你剛剛所講的還要戰戰兢兢跟原來的同事爭地盤；你做 turn around 之後，如果做得好，還可以將過去幾年空白的經驗快速累積起來，想升官，這不就是最快的升官方式嗎？做成之後，你成爲公司數一數二的人物便指日可待，何必再回到產業界裡面慢慢爬呢？

其次，TARF不僅可以迅速彌補你過去在產業界所失去的時間和經驗，而且你在創投業所學的知識和培養的能力完全可以用得上，而且可以繼續拓展自己的人脈，不論是產業、金融或投資市場上的人脈，都可以藉機拓展。在做TARF的案子時，你是在幫公司重整或者轉型，你和與這件事相關的所有人彼此之間是互惠的、互相需要的，這個時候所累積出來的人脈會比較眞實。

再者，你可以開發新的興趣。TARF的作法和投資的感覺不一樣！投資幾乎是投錢後只能旁觀別人玩遊戲，就像一個游泳教練一樣，告訴學員怎麼游泳後，提供學員一個泳池，然後學員在池子裡游泳，教練在一旁觀看；TARF就不同了，你必須自己跳下去游泳，跟大家一起游，團隊一起游，你必定會發覺不同的樂趣。我相信TARF的挑戰性比投資作壁上觀來得高，整個過程也更有趣味，說不定你做了之後還會上癮呢！

還有，你所累積的經驗到處都用得上。你注意到了嗎，在創投業，假設你要跳槽，你能跳到哪裡去？是不是只能跳到另外一個創投？創投跳創投，跳來跳去，最後也沒地方可以跳了，因爲你不可能愈跳愈小嘛！若說做了一段時間之後想跟有錢的金主募款、自己找資源，照我們剛所談論的，這件事其實並不容易；可是如果你有TARF的經驗之後，每家企業都需要你呢！不只創投需要你，企業更需要你，你未來成長及發展的機會不就是愈來愈大了嘛！我敢說，當你做成一個案例後，找你的人多得是！因爲TARF的確可以把你的能力與價值提高到另一個層次。

最後，假設有一天你想退休了，你有TARF的經驗，有成功的案例，也累積了自己的人脈，大家又信得過你，不僅有人願意提供案子讓你做TARF，還有很多人願意跟你一起工作，因爲你已經是箇中的老前輩，這時候你就可以退而不休，甚至連退休後都可以繼續做哩！這才是一個百年事業，比你跳槽好多了！說的明白一些，你今天在VC業做一個『僱員』(employee)，雖然每年你的金主或老闆都會給你紅利或獎金，但是你永遠不會是一個 partner，繼續在創投業裡打滾並不是一個可以做一輩子的事業啊！」

威西聽完傑夫條理分明的分析，點頭不已，完全認同了傑夫的說法，百感交集地說了句：「傑夫，在今天來找你以前，我感覺我自己是『大鵬有志恨天低』，剛剛和你一席談之後，卻頓時覺得自己是『小犬無知嫌路窄』！」威西由衷道了聲謝後，神采飛揚地離開了。

展開TARF

看著威西離開的背影已經一掃陰霾，傑夫忍不住又坐回原來的位子咀嚼今天這場會面。想想，大家都只看到創投業者光鮮亮麗的生活，其實很多累積了三至五年創投經驗的從業人員都像站在十字路口，不曉得下一步該何去何從？看來勸這些人參與TARF是個可行之道；想到這，傑夫馬上拿起電話，聯絡上畢修，轉述剛剛和威西見面的情形後，傑夫迫不及待地提議：「畢修，最近我們在討論的那個案例進展得怎麼樣了？」

畢修開玩笑地說：「這個案子已經進行得差不多了，現在只是等待對方最後認清情勢；不過對方也沒有資源再繼續拖下去就是了，看來就是這幾天的事了……你怎麼現在突然問起進度來了？」

傑夫回答：「上次談到我們即將接手的那家GD公司的事，我們不是很擔心人才來源的問題嗎？我找到來源了！」

「哦？快說來聽聽！」畢修一聽也等不及了。原來GD公司的案子是由畢修主導，經過兩個月的密切討論，進展得不錯，原來的股東願意減資，經營團隊也願意釋出經營權交給達利主導，資金的來源也都有了眉目，可是人才的來源卻一直是個困擾；現在一聽有了眉目，畢修的興趣當然高得很！

傑夫也不賣關子了，直接說：「當初在找接替的人才時，我們一直有個盲點，都只在同業裡面找，卻沒想到由創投界找一個本身就具有產業經驗的！」

「創投同業？行嗎？創投的待遇高，生活好，他們願意轉換跑道，重新回到產業界來『受苦受難』嗎？我怕他們不肯吃苦也吃不了耶！」畢修對傑夫的想法有些懷疑，語氣因而轉爲低沉。

於是傑夫耐著性子把威西的狀況、面臨的尷尬以及剛剛的對話敍述了一番；畢修一聽，覺得果然有些道理……「你說的的確有些道理，嗯，是值得一試！GD這個案例我們已經進行了好一陣子了，資金絕對不是問題，市場變數也在我們的掌控之中，技術來源也已經找到兩個日本老師傅首肯幫忙，現在就只缺一個能掌握大局的經營人才；如果可以找到有創投及產業背景的人，他對資本市場以及事業成功的要件都有一定程度的了解，與我們溝通也會比較容易。」

傑夫回答：「沒錯！再想想，GD案例有我們主導，所以這些想進入產業界的創投老鳥既不必自己去找案例，也沒有什麼風險可言，他們只要肯幹就行！我們需要的不也就是他們的『認命、肯幹』嗎？要不要開始找人問問口風呢？」

畢修與傑夫開始把可能的人選一個個列了出來。「既然威西有這樣的困擾，想當然耳其他創投老鳥也不可能完全沒有想過、或是面臨這類問題，只要我們主動和他們接觸，相信可以在這許多創投老鳥裡面找到幾個可以共同進行TARF的夥伴！」畢修頗爲振奮地說。

「對，想到就做吧！」傑夫爽利地接口。

看來，臺灣創投界將要興起一股新的跳槽風……只是這次他們多了一個可以跳的地方！

10

創投另起爐灶囉

TARF（重整基金）與 NPAM（不良資產管理）

不管 TARF 或是 NPAM 都夠刺激，

理所當然成就感也都很大，

加上做成了後報酬率很好，

過程中又可以認識很多人，

經歷不同的經驗。

說白一些，我們等於是在玩沒有風險的「遊戲」。

【前言】

聽說大陸有些專家對不良資產管理有很獨到的經驗，爲了集思廣益，爲達利的下一步TARF（重整基金）作更萬全的準備，所以傑夫和畢修特別透過朋友介紹專程到上海訪問，看看國外所謂的「不良資產管理」（NPAM, Non-Performing Asset Management）到底怎麼運作。

傑夫和畢修已經好一陣子沒有到浦東來了。上次來的時候，雖然看到許多大樓高聳雲霄，可是一到夜晚街道上就一片烏漆麻黑，連街燈都顯得有氣無力，不太願意照亮別人，而且馬路兩旁的大樓大多數是空的，沒什麼人氣；所以這趟來之前，兩人還是有些半信半疑，心想浦東會有什麼值得取經的高人呢？不過介紹的李姓友人是兩人多年的朋友，向來不隨便敷衍了事，既然他建議兩人他們來這裡學習學習，無論如何還是要愼重其事地來走一趟才行。

既然決定要來了，總要事先做些家庭作業，了解什麼是NPAM，雖說臺灣的一些創投也有類似的概念，終究隔行如隔山，在眞正去做之前，還是虛心研究得好。一研究後，竟然發現很多有趣的題目，例如：何謂不良資產？不良資產的管理爲什麼有人認爲是一種零風險、低成本和高報酬的行業？這些資產要重整的話又該如何計價？還有要如何靈活運用財務槓桿降低資金負擔？所謂資產管理，管理上又該從何處著手？哪些行業比較適合NPAM的發展呢？這與創投所選的行業有什麼異同？兩者有沒有什麼可以互補或是合作的地方？創投的經驗可否應用在NPAM上？創投與NPAM所需的人才，在條件上有什麼相異處？這些都是傑夫和畢修想要「取經」的重點所在，既然達利開始規劃TARF，總希望事先了解得愈多愈好。

談了之後，竟然出乎意料之外，大開眼界！

【故事主角】

趙總經理：外商派駐上海某投資機構負責人

上海浦東。一幢高級辦公大樓的三十層樓窗戶邊，傑夫和畢修俯瞰浦東的景色，不遠就是東方明珠，壯觀宜人的景色盡收眼底，傑夫忍不住讚嘆：「畢修，你看這幾年，這些國際性的建築師以及跨國公司紛紛把分公司由香港搬到了上海，而且過去他們所選的地點幾乎都在浦西，可是這兩年來我看幾乎都集中到浦東來了；你看這些大樓不但超高，而且設計上還各有特色，怪不得人家說現在學建築的學生都必須來浦東觀摩才行，因爲只有浦東才有這麼多的新設計需求讓這些世界級的設計師有發揮的機會！」

畢修也點點頭：「是呀，不但建築師來，跨國公司來，連投資機構都來了！」畢修邊回答邊回頭環視會客室的裝潢，再聯想方才被領進會客室的短短行走過程中看見的雅致裝潢，不由得低聲接了句話：「連這些接待小姐的神情舉止都很有國際性財務機構的水平了。」

「對！不過也讓人有些擔心臺灣與上海的差距已經越來越小了。」傑夫指著窗外的景觀和畢修談論著；在接待小姐通報趙總經理的短暫時間裡，兩人雖然把握片刻的悠閒由大樓高處俯瞰浦東的街景，但還是有些擔心的。

傑夫和畢修過去就很喜歡一起出差，兩人可以一起觀察同樣的人、事、物，然後不斷地討論與互動。聽說兩個人的觀察力與歸納能力就是這樣互相激勵與訓練出來的。

這次兩人專程來請教NPAM的主題，在出發前，還有一些小插曲發生。達利其他的同事對畢修和傑夫要來大陸這件事有些疑問：「『不良資產管理』聽說是一個非常封閉的私人俱樂部性質的生意，比創投圈子還要小，也比創投人還要排外，根本不會告訴外人他們行業裡的機密；您們向這些公司請教問題，即使專程上門，人家會願意告訴您們嗎？」

傑夫回答：「如果是在美國本地，對方恐怕不會理我們，更不會告訴我們什麼消息，可是在大陸就不一樣了！隨便說幾個理由吧，第一，美國與投資相關的公司不可能不到亞洲來，更不可能不去大陸；既然大陸是投資者兵家必爭之地，這些人都知道各地都有各地的『地方文化』，他們再有經驗也必須找到當地的夥伴共同合作，所以基本上他們會比較開放些。第二，現在要在大陸本地廠商找到相稱的合作夥伴並不容易，還是與臺灣廠商合作比較簡單些，雙方有共同的商業語言嘛。第三，他們的合作對象又以創投業最合適，因為我們都是投資背景，創投的人總比其他行業的人距離他們要來得近些吧？最後，就看介紹的人份量夠不夠啦！如果介紹的人夠份量，這些外商不看僧面也得看佛面，只要他起個頭，願意說一點，還怕我們不會見縫插針，繼續問下去嗎？」頓了頓又繼續說，「不去的話什麼都不知道；去的話總會多些機會的！」

畢修補充說：「現在到處都有不良資產，美國本土多得是，至於亞洲地區這幾年下來也產生了很多這類的需求，像是日本、韓國、臺灣，尤其是大陸，不良資產的比率最嚴重了，報章雜誌常常提到哪些鄉鎮企業、國有企業很多都會有這種放帳、呆帳以及無效率資產的處理需求，所以到大陸取經才對。就像傑夫所說的，只要介紹的人份量夠，我們就問得出東西來，這就值得去一趟。」

從握手論人

站在窗前看風景的傑夫和畢修，依過去赴約的習慣提早了半個小時到，所以一邊悠閒地欣賞著窗外的街景，一邊很有耐心地等候今天要拜訪的主人出現。

有訪客上門的時候，很多人都會故意拖延幾分鐘才現身，或許是想藉此表現自己的地位或是先對你擺些架子，表示自己很忙吧？尤其是金融界、投資界、法律界更是如此。傑夫和畢修與這些人打交道的次數多了，早已見怪不怪，所以總是很有耐心地等；對他們而言，這也是一個觀察與猜測對方心態的好機會，尤其是第一次見面的時候，如果對方讓他們等待的時間愈長，通常就表示兩邊關係愈疏遠，對方也愈有可能以為傑夫和畢修必是有求而來。這些年來，利用各種機會觀察與猜測對方的想法，早已是傑夫與畢修的習慣與嗜好了。

等約定時間一到，會議室的門竟然準時打開。兩人一看，見到一位四十出頭，顯得非常精練的女士面帶微笑向他們走來；剛剛負責接待的小姐馬上站起來恭敬地介紹，原來這位四十出頭的女士就是該投資銀行的負責人趙總經理。眞準時！沒讓傑夫和畢修多等一分鐘，眞是少見！

見面後，雙方熱絡地握手寒暄。趙總經理握起手來力道十足，和男士握手沒什麼兩樣；這就讓傑夫和畢修更驚訝了，兩人沒什麼表情，卻互換了一個眼色。根據傑夫過去所累積的經驗，第一次見面的握手寒暄其實深具學問的。

一般來說，小姐們握手時都只是輕輕握一下，點到為止，好似深怕你把她的玉手拿著不放，所以男士握女士的手當然也都輕輕握一握以示禮貌；換句話說，很少有女士握手時是「眞正」握手的。另外商場上初次見面的雙方彼此之間總會有些距離，所以很多人在握手的時候都是非常輕微的，不太用力，可以說是禮貌，也可以說是虛偽地虛應故事一番；尤其一些政治界的大人物，充其量都只是把手意思性地遞出來，然後又急急忙忙地把手縮回去。在傑夫經驗裡面，大部分在商場上的女性握手屬於這一類；相反的，如果握手非常用力的話，往往說明了態度的誠懇，尤其是像趙總經理握手這麼紮實的女士，這可眞是少見！

趙總經理握完手，竟然又非常親切地拍拍傑夫和畢修的手背，這就更讓兩人驚訝，雙方的關係似乎一下子就拉近了許多，初見面的生疏瞬間也淡化了不少。和畢修交換眼色瞬間，傑夫忍不住想：看來趙總在商場上的經驗豐富，竟然是個嫻熟人情世故的一號人物，眞是難得！今天可大意不得，必須小心謹慎，仔細拿捏彼此的關係才是！

等賓主雙方坐下後，傑夫先客氣地開場白：「非常感謝趙總今天願意花時間跟我們聊一聊，我們對NPAM完全不懂，過去也沒有什麼相關的經驗，所以等一會問的問題如果讓妳覺得唐突或是太膚淺的話，請趙總務必多多包涵。」

趙總經理爽朗地笑笑，回答說：「您們別客氣啦！說句不見外的話，介紹人李先生已經告訴我一些關於您們的事，我也知道貴集團在臺灣的資訊業可說是頂尖的公司；再看傑夫的經歷，過去多年在策略與投資相關的領域也很有經驗，另外您們兩人出的幾本有關創投的書，我也略微翻過，過去我也做過幾年創投，既是同行就別客氣了！我們所做的與創投還有很多類似的地方呢，所以今天的談話不盡然是單方面的收穫；你也知道我們大多是財務背景出身，而您們則是產業背景的經驗，我也有很多想向您們請教的，咱們就彼此學習吧！」

趙總經理這一席話，瞬間又爲自己加了好幾分，更在傑夫與畢修心中留下非常良好的印象，暗暗又讚了聲「了不起」，好厲害的角色。這趟拜訪本來是傑夫和畢修登門請教，可是趙總經理話裡面把對方的立場重新做了一番解釋，一方面讓訪客的心裡覺得很舒坦，再方面也明白地說出彼此可能的合作，雙方的關係因而馬上拉近了許多；於公於私、面面俱到，而且進退兩宜。

一般來說，在大陸國際性的公司擔任總經理的人，因爲平常被部屬捧慣了，難免在心態上會有些驕矜之色，或是自以爲了不起；可是今天趙總的言談舉止卻完全聞不出這樣的味道，反而讓人感覺熱忱、直接和坦白。

NPAM零風險，低成本，高報酬

「謝謝趙總客氣，那我們就開門見山請教您囉！」傑夫輕輕地問道：「爲什麼貴公司會這麼早就在大陸設立這種NPAM的分公司呢？會不會太早了一些？照理說大陸的法令或相關的制度和美國或類似的國家相較還有一段距離；難道是看未來，**先卡位的**嗎？」

「我們是既看現在也看未來。」趙總經理坦白地回答，「從某些『客觀、主觀條件的成熟度』來看，我們在大陸成立分公司的時間是早了些；可是你從『**機會的把握度**』來看，卻也不算早了。您們看美國的不良資產管理，如果沒記錯，早期應該起於德州吧，當時石油公司擴充得非常厲害，因爲經濟的變動，石油產業崩潰，造成產能過剩，所以有許多相關產業顧問（consultant）興起來幫助解決這些產能過剩、資本重複投資和收益不良等等的問題；後來應該就是銀行業吧？有段時間也是過度擴充，到處都是銀行，同樣地也碰到困難；接下來我記得就是電力發電廠行業出現問題。這麼多產業在過去都出現一窩蜂、過度擴充的情形，接著變成嚴重消退，因此不良資產管理便因應而生。」趙總笑了笑，「我們稱爲AMC（asset management company），就不要提到NP（no-performing）兩字了，不然你上門一開口就稱對方是不良資產，誰好意思見你呢？我們也不好開口嘛！對不對？」

傑夫和畢修點點頭。

趙總繼續說：「您們也知道，現在大陸像IC、半導體等等還有很好的成長機會，所以積極擴充還沒有關係，可是其他有些行業已經出現近似美國過去的那種過度擴充、效益不良的現象，再加上有些國產企業在資產運用不良方面的問題更爲嚴重，所以這些都是我們的生意來源與機會所在。」

畢修忍不住打岔：「剛剛您提到兩種原因，在美國一般都是產能擴充過度因而沒辦法達到規模經濟的績效，可是大陸和美國相較，情形會不會不一樣呢？大陸『過度擴充』會不會沒有美國那麼嚴重？反而是『資產運用效率低落』的關係比較嚴重些？」

趙總經理點點頭，「沒錯，我們不敢說是不是效率低落，可是說有些國營企業的資產運用不具競爭力倒是確實！加上過去在金融體系上配合政府政策而做了不少不適當的放款，這些都可能是我們生意所在。其實開發中國家經常都會發生這種情形，像日本以前也發生過這樣的問題，東南亞和臺灣不也是或多或少有類似的情形嗎？不管是產能過度擴充或資產運用未達到效率，對我們而言這都是生意機會，有些我們自己設立分公司，有些則以合資企業方式來進行AMC，幫他們重新規劃資產、重新管理，這就是AMC所做的事情。」

「像您們這種所謂的不良資產管理之所以稱為『不良資產』，總有一定的定義吧？」傑夫接著問。

「當然！」趙總經理再點點頭。「所謂的不良資產，指的是銀行或企業對資產貸款或借貸放款已經逾期不還，經過法律程序取回貸款不可得，只好收回這些當時的抵押資產進行變現以清償貸款、欠債，可是發覺自己對這些抵押資產處理不來，所以交給我們處理。」

「為什麼這些銀行不自己處理就好？」

「有些已經不是單純屬於財務上的問題，還必須介入經營、改變經營型態或是做些加值（value added）才能處理，甚至於有些企業的現狀根本不清不楚，有些不良資產在帳面上根本不可相信，因為帳上和實際差距太大，像這種情形，銀行沒辦法完全深入，還是得給專人處理。」

「交給您們AMC處理，您們能得到什麼好處呢？」畢修在商言商。

趙總經理看看畢修，再看看傑夫，有些神祕地含著笑說：「既然是李先生介紹您們來的，我就實話實說了。我們的好處其實很多！兩位先喝杯茶，我們慢慢來談。」說罷，趙總經理熱絡地招呼傑夫和畢修喫茶。

傑夫和畢修看看倒進杯裡葉色如碧的茶葉清香撲鼻，想想邊飲茶邊談事情倒也快活，便很高興地啜飲了幾口，果眞是茶中珍品，淸香怡人。

趁著傑夫和畢修品茶的空檔，趙總經理也提出問題：「二位做投資也很久了，聽李先生說大概有六至七年了吧，二位認爲投資這件事最難處理或最大的風險是什麼？」

果然是老江湖，剛剛的問題還沒回答就先問起問題來了！傑夫笑笑，他知道趙總的目的不是不想講，而是想藉此掂掂來訪的兩人到底斤兩如何，然後再決定講多講少！這與達利常用的「善待問者如撞鐘」有異曲同工之妙！既然人家出試題考試，兩人總得好好回答才行！傑夫和畢修互看一眼，畢修先回答：「創投最大風險就是**投錯人**或**投錯標的物，血本無歸嘛！**」

趙總經理點點頭，突然改用英文繼續問：「Where do these risks come from?（一般投資的風險來自於哪裡？）」

這下不但考創投功力，還考英文呢！傑夫與畢修想了一會，這個問題可更難回答了；投資風險這麼多，怎麼可能歸納得出來呢？可是趙總這個問題很明白地是想藉此測測這兩人在投資上的經驗和反應能力，嘿，傑夫在創投方面常用這種方式來考別人，沒想到今天碰上個相同的對手了……

傑夫回視著趙總經理，心想：這趙總的確是個厲害人物！既然大家都是有經驗的人，就坦白回答了吧！於是答道：「風險來自於兩部分：wrong valuation（對投資標的『價值』分析與判斷錯誤) and misuse of the resources (『資源』誤用)。」也用英文回答，回答得言簡意賅，不拖泥帶水。

趙總經理邊頷首邊稱讚：「厲害！看來您們眞的是很有經驗的創投！我們的想法相同，所有投資最難的就是**今天之前的價值怎麼算**和**今天之後的資源怎麼用**。從這個角度來看，身爲創投的關鍵處在於投資『前』的價值估計，以及投資『後』的確保資源運用有效。在這兩方面做的功夫夠的話，你們的風險就會相對的減少，是吧？」

訪客點點頭。

趙總拿起茶杯喝口茶繼續說：「即使創投在投資之前再小心、功課做得再努力還是有風險，對吧？可是在我們做AMC這一行來說，這兩個風險卻都很低！幾乎不存在！」

「哦？怎麼可能？！」傑夫和畢修一聽此話非常驚訝，竟然問出相同的問題。

趙總經理笑笑地解釋：「先說我們所拿到的資產，過去的價值根本就是零！譬如銀行的壞帳或公司向銀行借款後還不出錢，可是公司實際上還在繼續運作中；若不經營——垮了——自然就 write off (註銷)，也不必找我們了；既然還值得找上門來的案例大部分都是還在繼續經營著，只是銀行收不到還款！

換句話說，銀行過去借出去的款項收不回來，公司現在經營所賺到的錢週轉正好用光，所以銀行也拿不到一毛錢；兩邊僵在那裡。這樣的案子交給我們管理以後，從我們來看，今天之前的價值根本不必談了，有些公司根本是『資不抵債』，資產的總值加起來還比所欠的債務少得多，因而我們的原則是：

第一，**無形資產**一概不算數，管它什麼技術作價、專利作價和商標等等，一概不算價值。

第二，我們只算有形資產，而且還必須確定是**對方確實、眞正擁有、絕對乾淨**的產權才算數，比如說機器已經抵押的話就不算資產。

第三，另外，雖然帳面上有，但卻不具體的項目，不管是應收、存貨等，全都必須是眼見爲憑，只要帳上沒有或是看不見的都不列入計算。

顯而易見的，我們所接手的案例，在計算價值這件事上比VC簡單多了。」

畢修立即接了句話：「那妳收的『資產負債表』幾乎就只是個『速動資產表』，甚至是『現金流量表』嘛！」

「對！而且幾乎是對方有多少眞正的現金扣掉所有的抵押以及短期負債以後才算數。你們看看，跟創投比較起來，我們的風險是不是低很多？！」趙總經理邊解釋邊問。

「的確是！」畢修連連點頭。「果然是零風險！基本上您們連成本都沒有，哪會有風險！」

找好人投資 vs. 都是壞人

趙總經理笑了起來，「『好康』的還在後面呢！再談資源怎麼用這個問題吧！依照創投的作法，錢給創業者之後，錢是由他管理，您們只能在董事會進行稽核。萬一創業者作怪，把錢誤用了，譬如說買個阿曼尼（Armani）的西裝報公帳，VC能怎麼樣？還不是啞巴吃黃蓮？最多嚷嚷說：『miss-conduct！』還要查帳查得出來，上法院才算miss-conducts呢！如果不查細帳的話，你查得出來嗎？即使查帳查到了都不一定追得到，是吧？」

說到這，趙總帶著笑聲調侃：「對VC來說，錢給創業者之後，投資者根本不知道對方怎麼用，用到哪裡去你也不曉得，只能請菩薩保佑錢不要被誤用，所以判斷創業者的品格可不可靠便成爲一件很重要的事，對不對？您們寫的書上不是提到要多多地『觀察人』嗎？」

「嗄？我們的書妳還眞的是讀了？」傑夫吃驚地打岔。

「是啊，你們要來，我總得做點功課吧！書上寫的很多內容其實都蠻有道理的。」

傑夫和畢修相視而笑，不過這是題外話，言歸正傳比較重要，傑夫因而示意趙總經理繼續剛剛的話題。

「對創投而言，最難的是在做『人的判斷』吧？可是在我們這個行業，根本不用去考察人可不可靠！」

「您們投資難道不看人嗎？」傑夫難以置信地問。

趙總經理看著這兩個人臉上露出來的納悶表情，依然笑著……笑容似乎頗具深意，「**因爲沒有人可靠！所以看都不用看！**所有人都不可靠！所有人都會欺騙你！過去欺騙你，未來也會欺騙你，這些人過去不就是這樣？所以在銀行貸款後有錢不還嘛！所以在我們這個行業，不必假設人是好人或壞人，對我們來說，全部的人都是壞人，都不可靠，所以大家不必打暗牌，冒充好人，省省吧！」趙總加重語氣說：「VC是**盡量找好人投資**，AMC則是講明了**都是在與壞人打交道**！」

「這太誇張了吧？都是壞人，您們怎麼管理這些人？怎麼管理這些資源呢？」畢修追問。

趙總經理看看畢修，沒有回答，含著笑慢慢啜了一口茶後，依然沒有說話。

過了幾秒，傑夫靈光一閃，開口問道：「您們只做現金管理囉？」

趙總經理深深地笑了，「對，我們只做現金流量管理。」

畢修也恍然大悟，「所以，派去管現金的人都是您們自己的人囉？」

「當然！」趙總回答一句後，又接著說：「沒錯，我們只做現金流量管理，所有現金流量都由我們負責，現金進出我們自己管理，完全接收。至於帳務的處理，我完全不相信原來的帳務會計人員，全部交由我選擇的會計事務所作帳，換句話說，我完全不相信對方原來的財務部門，完全由我們的人接手，而且我只管現金的進出流量，這樣就不會有資源誤用的問題了！全部的現金都在我們的手裡，給多少錢、收多少錢，全部由我這裡統收統支。」

聽到這裡，傑夫和畢修忍不住掉轉視線相視著，從彼此的眼神知道倆人都了解一件事：從這個角度來看，VC比AMC辛苦得多了！

「那報酬率呢？投資總要看報酬率吧，通常您們的報酬率如何呢？」傑夫繼續問。風險談完，看看報酬怎麼樣，這也是要了解的重點所在。照理說，風險愈高，報酬愈大吧？

沒想到趙總竟然說：「即使從投資的報酬率來看，AMC也比創投好！你們想想看，創投的報酬率怎麼算？一般來說，VC投資十個案子可能有三至五個會成功吧？過去，很多公司投資一百個希望有一個是全壘打，其他能有百分之三十安打就很好；只要有一個是全壘打就有賺錢的機會了。老實說，創投的成功機率並不高；當然看來達利的成功率可能是比較高的，我看過你們的網站對portfolio companies的介紹，看來達利大部分走安打，不走全壘打。」

傑夫點點頭，「沒錯，我們大部分都採取安打的策略，也不期望全壘打，偶爾揮出一兩個漂亮的三壘打，我們就很滿意了。每一個投資案我們都希望是安打，至少不要被接殺嘛，這樣平均算來，我們的投資報酬率也還算滿意。」

趙總經理點點頭，「在我們這個行業，AMC的報酬率高太多了。一來我們沒有downside（槓龜）的風險；二來我們的成本低，雖然我不能告訴你銀行委託案子給我們的時候是多少成本，不過老實說確實是很低，所以我們任何一個案子做成功後報酬率都很高。只是要做成功是要花許多精神與努力，而且困難也很多，主要是牽扯太廣，不只財務、金融，還有一些政治的因素或與當地政府的關係；不像創投所投資的公司一般面對的都是本身的問題，像是技術、管理、市場等等，不必考慮政治、地方關係等……。總是有長有短，投資領域裡面沒有容易的事情的啦！」

「聽您這樣一說，AMC的報酬率是比VC高很多耶！」畢修說。

「不過聽起來也複雜得多就是。」傑夫也有些感觸。

高度財務槓桿的運用者

過了一會，傑夫覺得事情應該不是這麼簡單，又好奇地問道：「看來您們都是用別人的錢做事，所以在財務槓桿上的使用應該也是相當靈活的囉？」

「對，你又講到另一個關鍵點了！」趙總經理坦白地承認：「我們是**高度財務槓桿**的利用，我們自己的錢並不多，大部分是銀行的錢，也就是說銀行的錢委託我們管理，實際上我們並沒有承擔什麼成本。」

傑夫有些納悶地問：「**沒有成本**，除非是用信託（trust）方式嗎？」

趙總經理再點點頭，「對，你們兩個人知道的實在不少哩！我們的確是用信託的方式，我們不買銀行的資產，而是用信託的方式，由他們委託我們管理，我們付利息的錢，但不必付本金。」

畢修一聽，忍不住脫口而出：「那您們不是買空賣空嗎？」

傑夫一聽畢修說買空賣空，楞了楞後趕緊解釋：「不不不，畢修的意思是說您們成本低，高度財務槓桿。」

趙總經理忍俊不禁笑出了聲，邊輕鬆地回了句話：「謝謝你的圓場！不過畢修說的倒是有幾分眞實，實際上是有一點買空賣空的味道，因爲我們不買資產，而是受委託進行管理。」

「那對方爲什麼要委託你呢？他可以委託別人或自己做啊？」傑夫不解地問。

「那麼多銀行，那麼多資產，什麼都自己做，做得來嗎？而且自己做會有利益衝突的顧慮，你想，原來貸款人和後來處理的人倘若是同一組人，別人會怎麼想？不同人又能怎麼做？當中一些矛盾衝突可多著哩！理財界是很複雜的，也不好惹，既然董事會都已經認定是不良資產，乾脆交出來請別人處理比較好，對不對？」

傑夫和畢修不約而同點頭認同。

「所以銀行以信託的方式將案子交給您們，不過也要他們信得過您們才行；要是信不過您們，根本不可能將案子委託給您們……這樣說來，您們要跟銀行有很好的關係才行嘍？！」傑夫的問題更深入了。

「沒錯，」趙總經理不避諱地說，「我們的背景必須有大財團或大的競爭機構在後面撐腰；如果只是幾個人想來做這件事，根本沒人敢委託。老實說，對方之所以信得過我們，看的還是我們背後的財務機構。總而言之，做我們這行，背景與後面靠山的實力是絕對地重要，就像你書裡所說的，理財這個行業，『信得過』是最重要的考慮點吧！」

每個案例都是獨立的LP

「可是妳的案例這麼多，財務上又怎麼做內部控管的呢？」畢修問。

趙總經理又笑了笑沒有說話。

傑夫看看趙總有些遲疑的表情，心想：看來這更是關鍵問題了！因而故意問畢修說：「你指的內部控管是什麼意思？」

傑夫有意的再問一次，這等於是間接的讓趙總難以迴避這個問題，這也是創投慣用的一搭一唱的方法。

畢修看看兩人，解釋自己的問題：「你想想看，趙總要處理的案例，今天是A銀行，明天是B銀行，而同一個銀行裡面都有來自不同公司的不良資產耶；再說，看起來是同一家公司的不良資產，很有可能有許多銀行牽扯在一起，因爲該公司不可能只向A銀行借貸，B銀行也借，C銀行也借，所以每一個案例看起來背後的債主都不一樣，如果都混在一起，該如何決定誰的債先還？誰的債後還呢？」

趙總拿起茶杯喝茶，顯然還是不太想回答這個問題。

傑夫想想既然來了，不問白不問，可是又不能催促，怕有些不禮貌；靈機一動，想起既然趙總的母公司是美國公司，他們的思考邏輯一定是與美國公司設立的習慣相關，嗯，乾脆用自問自答的方式來探探底吧，只要由趙總的反應就可以知道答案是不是正確了。想清楚以後，傑夫清清喉嚨，咳了一聲，說道：「是不是跟創投一樣，用LP的方式？」

趙總臉色稍微一變，她實在沒有想到傑夫竟然也知道這種方式的處理，而且還加了個「創投一樣……」顯然傑夫是懂得了。趙總的臉色馬上回復正常，好奇地反問道：「在創投的LP怎麼運作的呢？」

傑夫知道趙總是明知故問，怕傑夫只是拿個名詞來唬人，所以再多驗證一下，即使如此，傑夫還是耐著心解釋：「一般來說，就是一個創投基金一個LP（Limited Partner，限制型夥伴），所有出錢的股東都是這個LP的股東，基金運作就像LP方式，由LP簽署合約付管理費用，然後把公司的資金管理完全委託給GP（General Partner，負責的夥伴）來經營，等投資有了利潤或是虧損再依照當時的股份大小分給每位LP，而等到基金最後都回收以後，這個LP組織就解散了。」

趙總點點頭。

「您們的作法也相同嗎？」傑夫迫不及待地問。

「我們的作法不一樣。」趙總經理回答：「我們的作法很像每個公司、每個案例都是個LP，而不是一大筆資金全部放在一起，而是每個案例都成立一個LP組織，這樣大家的債權才會弄得清楚！也就是說第一個LP和第二個LP之間沒有任何關係：在臺灣，我想您們可以用公司的形式來做，每一個案例就是一個公司。」

畢修點點頭，「用不同公司來區分個別案例，每個案例的權利與管理就可以弄清楚了……高明！」

趙總點點頭，看來達利還眞的知道不少呢！

高薪傭兵，敢給敢要

傑夫想了想，又提出個新問題：「我再請敎一個問題，員工激勵的事怎麼辦？創投最大的問題就是員工的激勵，因爲創投的投資大部分都要三至五年才能回收，投資好或不好往往有很多因素牽涉在其中，而創投從業人員的平均年資卻只有二至三年，所以最大的問題便是如何激勵這些VC人員，如何讓大家的利益休戚與共，讓表現好的人可以看見未來的績效和分紅，這一部分一直是創投業者最難處理的地方。不知您們是怎麼處理的呢？」

趙總經理點點頭，端起茶杯啜飲了幾口，邊思考如何回答……「我們的作法跟創投有些不同！因爲有些同事是從創投業轉過來的，所以我大概知道其間的差異。譬如說我們的薪水一般都比創投還高得多……」

「比創投還高？」傑夫驚訝地打岔，「創投的薪水已經算是高的欸！」

「沒錯，可是我們做的事也比創投多，相對上來看，創投的工作還是比較輕鬆的。據我了解，創投的工作不外評估案例，來了十家、一百家也許選一家最好的投資。但我們所做的，剛剛所講的低成本、低風險都是好處這一面，眞正的挑戰在於我們必須把一家公司眞正turn around，要讓公司轉型、讓體質改變，甚至需要更換經營者，這些都需要親自下海才行，所需要的技術和耐心都遠比創投來得高，薪水理所當然也比較好，high pain, high gain……（困難度高，所以報酬也高）。」

傑夫和畢修點頭回應，因爲趙總經理說的不無道理。「可是應該不只這些吧？您們怎麼激勵員工呢？您們有像創投一樣，獲利部分一般會給GP二〇％的分紅之類的嗎？」畢修追問。

趙總經理沉吟了片刻才回答：「分紅方式倒不好說就是，因爲每家公司都不一樣。不過可以這麼說，針對每一家AMC的公司，我們都有分紅的制度，端視參與程度而定。有時候改變公司需要一些新的資金進去，這時候有些公司或**LP會用貸款的方式借錢給經營團隊**，一起投資，獲利以後大家再分配。」

「貸款？這樣做的風險不是很高嗎？」傑夫問。

「你是指誰的風險？」趙總有些奇怪。

「兩個都有吧！」傑夫說，「從LP的角度來看，把錢借給經營團隊，萬一經營團隊搞砸了，屆時不但原來的不良債權泡湯了，連後來再借出去的錢也沒了。再從經營團隊的角度來看，向股東借錢一起投資，萬一砸鍋了，這個錢是 loan 吧？本金要還欸！loan 是『借款』不是『投資』耶！」

「所以說囉，這樣大家綁在一起，才能福禍相倚，共榮共利，這樣才能確信這個案例必然要成功才行啊！」趙總經理很快地回應，「做不成的話，經營團隊跟股東借的錢還是要還；做成的話大家有紅利分。也可以這麼說吧，LP等於是借給經營團隊 bridge loan（週轉貸款）一樣。再說吧，如果經營團隊沒有信心，怎麼敢借錢呢？既然有信心，有人願意借錢給經營團隊來共同參與又有什麼不好？這也是一種 marginal investment（利用信用額度來投資），只是成功機會掌握在自己手裡就是。對經營團隊而言，只要付利息錢，等到賺錢之後回收可是以好幾倍來算的！」

「這樣一來，你們不僅有分紅，還共同綁標呢！賺錢的話分個二〇％或二五％絕對不是問題；即使不賺錢，也沒什麼責任。」畢修笑著分析。

傑夫聽了後沉吟了好一會後才開口：「看起來這眞是投資界裏的高價傭兵（mercenary）耶！敢給；敢要！」

大家聽了哈哈大笑。趙總再度招呼畢修和傑夫喫茶，會客室裡氣氛融洽，雙方都沒有想到今天可以談得這麼高興……

TARF vs. NPAM 的異同

傑夫和畢修看看時間，本來想告辭了，沒想到趙總談興正熾，又上了一盅新茶，邊倒茶邊開啓了另一個話題：「達利最近有沒有什麼新的方向？」她問。

傑夫放下茶杯，老實地回答：「達利的下一步是做TARF（Turn Around and Rescue Fund），包括兩部分，一部份就是公司『重整基金』，另外就是BBQ fund，我們也叫做『錦上添花基金』。」

「喔，這個名詞倒是有趣！能不能麻煩您解釋一下？」趙總經理也放下茶杯，好奇地問。

於是傑夫將TARF的過程簡單扼要地說明了一番：「所謂的TARF分兩個階段：第一階段是如何得到案子。得到案子之前所做的工作包括：Interviewing、Counseling、Negotiation、Drafting，也就是透過面談的過程，了解公司目前所遭遇的困難，需要什麼樣的資源，應該怎麼做，再將這些可能作法跟現在的經營團隊或股東談清楚；談到一定程度後再訂定合作的合約，這些屬於前段的工作。」

趙總經理露出興味的表情，仔細聽傑夫說明。

「第二階段是得到案子之後。後段的工作類似『後育成』，針對公司的需求提供一些改變或變革上的管理，包括資金、市場、技術、人員，或其他需要幫忙的部分，幫助公司度過難關；甚至不只是度過難關，而是幫助公司成長。」

「這樣聽來TARF也挺有趣的！」趙總經理笑著說，「某些程度上看來跟我們的AMC相似；照你們這麼說，達利的TARF需要哪些關鍵資源呢？」

傑夫哈哈笑了兩聲，調侃趙總道：「您又在出題考試了！」

「不敢不敢，彼此切磋嘛！」說著趙總經理舉起茶杯，示意大家飲茶。

傑夫看看趙總經理，再看看畢修，和畢修交換個眼色，心想：趙總已經告訴我們那麼多事情，我們也應該向她坦白才是，大家交個朋友嘛！這樣一想，傑夫馬上回答道：「這樣說吧，第一階段的工作——如何找到好的標的物，如何跟對方談判，如何讓大家的利益綁在一起——我想這些妳已經了解，我就不再多說了。至於後段的工作，爲了提供在公司經營上實質的幫忙，其實需要一些條件，譬如說經營團隊的每一個人需要有hands on的經驗，過去必須有經營過事業的經驗才行；如果未曾經營過事業，只是從旁顧問，這可不行，因爲判斷會不準確，這和投資不一樣，現在是自己下海眞正參與經營，所以一定要有經營事業的經驗，這樣在判斷上或拿捏上會比較準確。」

趙總經理深表贊同：「我想這是有道理的！不管是我們的不良資產管理或是您們的TARF，都需要有hands on的經驗。除了這項，還有沒有其他主要的考慮或關鍵？」

「人才呢？」畢修插口問道：「您們做不良資產管理的時候，人才怎麼取得？」

趙總經理面向畢修，抿嘴笑了笑，猜測地問：「我相信您們也碰到這樣的問題吧？！對您們或我們而言，人才的取得都是很重要的關鍵因素！」不待確認畢修的答案，趙總先回答了畢修的問題：「說到人才，我們也需要一群人，這群人最好如你剛剛所說的有經營企業的經驗，又對投資界和VC的行業有相當的了解，對我們來說這樣的人用途比較大。當然我們還需要會計、財務的人，法律的人更不可或缺，不過這些人可以從外面雇來；而眞正主持事情的人是比較難取得的。關於人才，不知您們如何解決？」

「在人才方面，我們在手上總需要隨時有一些 talent bench，所謂的人才庫嘛！」畢修回答。

「嗯，我聽說您們的背景是明基，在企業裡面人才總是比較容易取得；相對上我們就比較辛苦了，每個案子，除了我們自己的人，另外還要從外面找一些適當的人配合來做。我相信在人才的取得上，集團企業總是比我們有利多了，尤其在管理或其他部分的人才應該不無匱乏才是。」

傑夫皺著眉搖搖頭說：「這倒也不盡然！」

「哦？爲什麼？您們的企業不是有很多人才嗎？」

傑夫解釋：「嗯，人才其實是很多；但**這些人才未必有意願來做TARF**。老實說我們遇到兩個困難，第一是企業裡面的人才不一定想來做 turn around 的事情。就是因爲是人才，在企業裡面勢必受到重視，如果發展得好，年終獎金、績效、紅利都不錯，爲什麼會來做TARF呢？相對上來看，TARF的風險還是比較高的，而且比較辛苦。再說，這些人才在企業裡面已經駕輕就熟，而且在集團企業裡面的發展空間大、資源也多，未必願意離開集團企業來做新事業，因爲相對上來看，TARF的資源還是比較少，舞臺也比較小，雖然有爆發的可能性，但在企業裡面成長的空間本來就很大了。」

趙總經理聽了後有些驚訝，不免也皺起眉頭問道：「那達利是怎麼解決這個問題呢？人才的取得一直都是最困難的，你們總有一些想法吧？！」

傑夫點點頭：「對，我們認爲從企業取得人才的可能性反而比較低；若要從產業界取得，也不曉得這些人合不合適；所以我們現在的想法還比較容易，就是直接從創投界老鳥中去找。」

「哦？從創投同業找？」

傑夫進一步解釋：「像前一段時日，我們碰到一些從產業界轉到創投界的從業人員，這些人大概在創投界累積了四至五年的經驗了吧，不過卻面臨成長的瓶頸，因爲也不太可能成爲創投界的 partner，有了一身經驗後，卻落得『有能力沒資源，有想法沒舞臺』的尷尬局面。我們認爲這些人來做TARF最好不過，因爲他們有產業界的經驗，又在創投界工作了三至五年，經驗夠，了解資本市場，熟悉投資者的語言，又可以做信用徵信，所以由他們來做是最適合的。」

「可是他們想來嗎？一般在創投界做的不錯的人會再想回產業界嗎？」趙總經理懷疑地問。

「這就有趣了！」傑夫笑著繼續解釋：「很多人在創投界做一段時間之後，都會遭遇生涯成長的瓶頸。你想，他們既然不可能成爲partner，自己到外面找錢也不容易，反而來做TARF是最合適的。坦白說，我們跟一些人談過，他們表現的興趣還蠻高的，而且創投好光景也不像從前了。」

「哦？眞是這樣的話，這倒是一個新的人才庫，我倒是從沒想過這件事，現在倒認爲可以好好研究一下可行性。」說罷，趙總經理沉思了好一會。想起什麼，繼續問道：「那您們做TARF還缺什麼呢？」

傑夫低頭想了想才抬頭回答：「我想我們都共同面臨一個問題，那就是我們都需要**財務金融機構**的一些幫忙。」

趙總經理帶著笑意提醒：「我們就是做財務機構的案件的。」

傑夫也跟著笑了，「言下之意我們應該找您幫忙囉？對了，您們管理不良資產，一定需要財務機構在背後幫忙做徵信調查等工作，而這對創投的我們來說就比較辛苦了，因爲我們沒有這樣的背景和關係來做這樣的事，甚至我們也不像財務機構一般可以名正言順進行背景調查。」

趙總經理笑笑，等於承認這個看法。

趙總經理再爲畢修和傑夫斟上一杯熱茶，傑夫端起茶，還來不及品嚐，又想到另一個問題：「趙總，以您們經營這樣的企業，是自己可以獨立處理所有相關的事情呢？還是也需要其他夥伴的幫忙？」

趙總經理看看傑夫與畢修，三個人都知道這是一個明知故問的問題；不過今天談得實在是很盡興，所以趙總也很爽快很直接地回答：「今天我們相談甚歡，我便老實回答你了。其實我們最需要的是 corporate（集團企業）的幫忙。」

「哦？」傑夫和畢修笑了起來。

「哎，其實您們知道的……」趙總經理對著兩人擺擺手，「沒關係，我就直接說吧。我們做不良資產管理面臨很多人才上的困難，我們自己並沒辦法提供那麼多人才，尤其是在一般的經營管理方面。實際上，我們做的案件以傳統行業居多，高科技業倒是比較少，而傳統行業絕大部分都需要工廠管理、行銷管理之類相關的人才，一般的企業比較多這樣的人才；財務機構雖然也累積了一部分，但是在處理工廠相關的事情上我們還是比較欠缺經驗的。因此，如果能有企業的協助，對我們的幫助就很大了。」

聽到這，傑夫看著畢修說道：「我們所做的 turn around 大部分都是高科技業，倒是比較少做傳統行業的……」

畢修的視線轉向趙總，有些遲疑地猜測著：「嗯，傳統行業和高科技業嘛……我是能看出一些差別，比如說：傳統行業固定資產比較多，高科技業固定資產比較少；在人才上，高科技對人才的需求和要求比較高，萬一人才流失了，這公司幾乎就沒什麼價值可言了，是不是這樣？」畢修望著趙總，等候回答。

「沒錯！」趙總經理點點頭，又補充了一句話：「其實傳統行業比高科技業更適合ＡＭＣ！」

「哦？爲什麼？」

「方才我提過，我們大部分是現金管理，所謂的資產是以我們看得見的才算數，而剛剛畢修也說了，基本上傳統行業都有一些資產；資訊業裡面就不一樣了，尤其是高科技業。高科技業一旦面臨經營不完善的時候，除了設備廠房，公司其他的資產都很容易被移走，甚至連可以繼續接單或做生意的也很容易被移轉，換句話說，高科技的資產比較是可移動性的（mobile），傳統行業則不是如此，比如說煉鋼廠或石油業，這些行業的資產、設備都難以移動；再如銀行業的一些不良資產，像以前美國一些銀行倒閉的時候，銀行還是有客戶，還是有信用卡這些產品，先不管今天之前經營好或不好，只要能把過去經營不好的打掉，未來這些事業經營起來還是能夠有生意，有現金流量進來。所以我們認爲，ＡＭＣ對高科技業比較難，還是作傳統行業比較可行，況且傳統行業裡面競爭少，比較容易找到合作的夥伴……」

畢修點點頭，「說的也是，每個國家都有相似的傳統行業可以借力使力……」

「喔，這倒是有趣的分析！」畢修追問：「那投資報酬率怎麼樣呢？」

「投資報酬率其實都不錯，因為我們成本低，沒有 down side risk，所以如果做得好，投資報酬率都還不錯。若要說是全壘打，我們倒也不敢講，但幾倍的回收應該還做得到就是……」說到這，趙總的語氣變了變，嚴肅地說：「不過二位要明白這都是好的一面，我們辛苦的一面也很多呢！」

傑夫看看畢修再面對趙總，了解地說道：「當然，傳統行業類別這麼多，每一個所需要的 domain knowledge（行業相關知識）都不一樣，牽涉範圍也比較複雜，像剛剛說過的，傳統行業的關係網總是比較複雜。」

趙總經理馬上開了句玩笑話：「如果您們什麼都能處理的話，我們怎麼能合作，是吧？」聽到這，每個人都笑起來。「話說回來，我們所做的不良資產管理和您們想做的ＴＡＲＦ倒是有蠻多類似的地方，日後我們雙方可以談些合作嘛！」

畢修看看牆上的時鐘，已經坐了快一個半小時，示意傑夫該走人了。傑夫趕忙站起來與畢修一同起身告辭，結束這趟收穫豐富的拜訪。

辭別趙總經理後，走在路上，傑夫和畢修已經迫不及待針對今天的談話進行討論。「畢修，你對今天討論的感覺如何？」傑夫問。

「嗯……」畢修默默走了幾步路才回答：「趙總是有心人，她對我們『摸底』摸得很清楚耶！再來就是她所做的NPAM，也有些規模經濟的好處，你看吧，如果很多案件整批交給她，她可以從中做許多切割、合併的整理；比如說她手上如果有閒置的建築，蓋房子蓋到一半停頓了，她可以將土地整理後，重新和別家合作，等到房子蓋好了，可以分割，不管是賣土地或找別人接手都好。這樣的感覺很像是做**統購**、**整理**、**合併**、**分割**，**之後可以零售**、**批發**，**甚至可以自用**。對我們而言，活動彈性上就沒有那麼大了，我們總是希望整理後能夠增資，然後獲利了結，不然就是公司上市，這一點與他們在先天上就有很大差異。」

傑夫仔細聽後，也沉默了好一會才開口：「既然她不是自己出錢，都是運用別人的錢，就算自己參與，彈性也比較大，可控制性也高……他們AMC眞厲害，只要不需要自己出錢，一切都好辦！包贏的嘛！」傑夫若有所思地發表著議論，「不過說的容易，要讓人家願意把這些NPA不良資產交給他們也不是容易的事情就是……」

畢修走了兩步，搖搖頭，「沒有趙總說的這麼輕鬆，你想想看前年吧，臺灣不是盛行把不良資產標售出去嗎？我記得還有好幾家國際公司來競標呢！一旦是競標，我想成本就不可能這麼低了吧……」

傑夫看看畢修：「說的也是，你記憶力眞好。如果成本一拉高的話，這些AMC就失去他們『安居樂業』的基礎了……我們應該回去打聽一下當初那幾家搶標的國際AMC總經理們現在是吃香喝辣的呢？還是苦哈哈？」

畢修笑著說：「不管他們了！看來AMC在案源的取得也是很關鍵的，這一點剛剛忘了問了……我們要不要回去再問問趙總？」

傑夫有些遲疑，「交淺不言深！我看現在問這個問題不好，等以後比較熟些再問。我倒想問她作AMC的困難處在哪裡，剛剛都只問到好的一面，這似乎不夠……哎，你幹嘛拉著我？」

畢修拉著傑夫的衣服，轉頭就走，「再回去問清楚！」哈哈，這就是畢修做事的特點了，發現問題沒問完，當然要義無反顧回頭追根究底。傑夫趕忙也鑽進計程車，兩人又回頭去了！

AMC的棘手處

畢修和傑夫走了沒多久又折回，趙總經理當然深感驚訝，不過既然人都回來了，也理所當然應該客氣地招待：「是不是忘了什麼事呢？」她問。

傑夫尷尬地笑著說：「對對對，我方才忘了問妳一件最重要的事情。做您們這行，碰到最大的困難是什麼？」

「喔！原來是為這件事專程回頭的！」趙總經理真的有點驚訝了。

畢修笑著接口：「這個問題不問清楚，我怕今天晚上我會睡不著覺啊！」幾句話，三個人就笑成一團，在笑聲中，三個人就談開了。

「您們做TARF的時候，碰到最大的困難是什麼？」趙總問。

畢修快人快語：「**經營者的心態**！有些經營者不太願意配合，因爲不太認命，還自以爲天縱英明，只要給他錢就好了。這些人並不認爲自己失敗了，單方面認爲是產業的因素，是大勢時不我與，並不是自己能力不足。」

趙總經理點著頭說：「對，我們碰到的最大困難應該也是這個，有些當事者其實也知道自己無法挽救公司，但是就是不願意放手。」

「爲什麼？」傑夫問，「是不是也是因爲面子問題？放不下面子？」

「是啊，有些人就是無法承認失敗，尤其傳統行業裡面很多當時做的都還不錯，現在由銀行接手，他心中做何感想？面子問題是很難解決的！對了，達利在TARF上又是怎麼解決面子問題呢？」

傑夫兩手一攤，「這也是最難解決的！面子還好，在資訊業碰到的最大困難還不只是面子問題，還包括畢修剛剛所講的『信心問題』，很多人是過-度-自-信，以爲只是時不我與，只要再給他錢撐過眼前的困境，等下一波景氣來就可以解決所有問題。」於是，傑夫和畢修不厭其煩地把許多經驗，包括創業者的一些迷思，一股腦地和趙總經理分享，三人愈聊愈投機，等到趙總經理發現時間不早時，早已是用餐時間。

讓人上癮的百年事業

「哎，我們愈聊愈開心，乾脆一起去吃個飯吧！浦東最近也開了幾家還可以的小館子，我們乾脆走路去吧？」

這一提議，三人又轉移聊天的陣地，聊了愈久愈多之後，發現雙方在投資上的觀點的相同處多得不可勝數，三人談得非常熱烈。

觥籌交錯，口沫橫飛，大家情緒都很high時，傑夫突然非常感慨地說：「當我們在談這些話題的時候，不只高興，心情還很high，其實這就是做我們這行最危險的地方。」

趙總經理和畢修一下子都楞住了，紛紛停下筷子，問：「怎麼一回事？什麼叫最危險？」

「是啊，怎麼會談到危險呢？我們不是談得很高興的嗎？」

傑夫語重心長地解釋道：「最危險的地方就是我們會addicted，會著迷、會上癮！您們發現了嗎，當我們在談這件事情的時候，三個人的心情都很快樂，興致都很高昂，其實我們都addicted了！

做這行最大的問題就在這裡，這些新的領域與過去所面臨的挑戰不一樣。過去只作純投資，所以挑戰性與參與感不高，總像是看人家演戲，自己沒有下場的機會；現在就不同了，不管TARF或是AMC都夠刺激，理所當然成就感也都很大，加上做成了後報酬率很好，過程中又可以認識很多人，經歷不同的經驗。說白一些，我們等於是玩沒有風險的『遊戲』，拿別人的錢玩這些新興事業，還能累積我們在新事業上的人脈，拿別人的資源練自己的兵，最後其實我們自己的樂趣最大、收穫最多……所以很容易就著迷了。您們說，做了這個行業之後，是不是就欲罷不能，沒辦法停止了？」

趙總經理和畢修都盯著傑夫，一時不知如何回答。最後還是畢修打破沉默：「這有什麼不好？我們不都想找一個長期事業嗎？若要考慮退休之後還能繼續找一點事來做，退而不休甚至根本不要退休，持續做下去，這種工作不就是最好的了嗎？既可以累積人脈，又有樂趣，回收也不錯，還有不同的經驗和挑戰，甚至能認識新的朋友、做新的事業，隨時有新的挑戰，對我們這種天生就沒耐心的人，這才是百年事業啊！」

說罷，畢修舉起杯子，以茶代酒，邀其他兩人暢飲：「敬我們大家沉迷其間！」這一說，三個杯子輕輕相碰，鏘地一聲，像是宣示什麼新計劃、新決心似的……

國家圖書館出版品預行編目資料

創投之逆轉／李志華，陳榮宏著.
-- 初版. -- 臺北市：
大塊文化，2004 [民 93]
面：　　公分. --(Touch ; 38)

ISBN 986-7600-60-6(平裝)

1. 創業 2. 投資

494.1　　　　　　　　93010341

105 台北市南京東路四段25號11樓

廣　告　回　信
台灣北區郵政管理局登記證
北台字第10227號

大塊文化出版股份有限公司　收

地址：□□□ ＿＿＿＿＿市／縣＿＿＿＿＿鄉／鎮／市／區

＿＿＿＿＿路／街＿＿＿段＿＿＿巷＿＿＿弄＿＿＿號＿＿＿樓

姓名：

請沿虛線撕下後對折裝訂寄回，謝謝！

大塊文化 LOCUS

編號：TO 0038　書名：創投之逆轉

讀者回函卡

謝謝您購買這本書，爲了加強對您的服務，請您詳細填寫本卡各欄，寄回大塊出版 (免附回郵) 即可不定期收到本公司最新的出版資訊。

姓名：＿＿＿＿＿＿＿＿＿＿ **身分證字號**：＿＿＿＿＿＿＿＿＿＿

住址：＿＿＿＿＿＿＿＿＿＿＿＿＿＿＿＿＿＿＿＿

聯絡電話：(O)＿＿＿＿＿＿＿＿ (H)＿＿＿＿＿＿＿＿

出生日期：＿＿＿年＿＿＿月＿＿＿日 E-mail: ＿＿＿＿＿＿＿＿

學歷：1.□高中及高中以下 2.□專科與大學 3.□研究所以上

職業：1.□學生 2.□資訊業 3.□工 4.□商 5.□服務業 6.□軍警公教 7.□自由業及專業 8.□其他＿＿＿＿

從何處得知本書：1.□逛書店 2.□報紙廣告 3.□雜誌廣告 4.□新聞報導 5.□親友介紹 6.□公車廣告 7.□廣播節目8.□書訊 9.□廣告信函 10.□其他＿＿＿＿＿＿

您購買過我們那些系列的書：

1.□Touch系列 2.□Mark系列 3.□Smile系列 4.□Catch系列 5.□tomorrow系列 6.□幾米系列 7.□from系列 8.□to系列

閱讀嗜好：

1.□財經 2.□企管 3.□心理 4.□勵志 5.□社會人文 6.□自然科學 7.□傳記 8.□音樂藝術 9.□文學 10.□保健 11.□漫畫 12.□其他＿＿＿

對我們的建議：＿＿＿＿＿＿＿＿＿＿＿＿＿＿＿＿＿＿＿＿

＿＿＿＿＿＿＿＿＿＿＿＿＿＿＿＿＿＿＿＿＿＿＿＿＿＿

＿＿＿＿＿＿＿＿＿＿＿＿＿＿＿＿＿＿＿＿＿＿＿＿＿＿

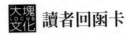

LOCUS

LOCUS